中国工程科技论坛——钛冶金及海绵钛发展大会合影 (2014.11.17)

中国工程科技论坛

钛冶金及海绵钛发展
Taiyejin Ji Haimiantai Fazhan

高等教育出版社·北京

内容简介

本书是中国工程院工程科技论坛系列丛书之一。书中主要介绍钛冶金和钛加工的最新进展、难点和未来发展方向，重点对钛渣冶炼、海绵钛生产技术现状和存在的问题及发展方向、新的钛冶金方法、钛冶金加工技术进行阐述。本次论坛汇集了国内知名专家学者、企业人士，对我国钛产业发展的重点、难点进行了深入探讨，指明了钛产业的未来发展方向，为我国钛产业发展提出了科学而有效的建议。

本书可供从事钛及钛合金生产和研究的科研和工程技术人员阅读参考。

图书在版编目（CIP）数据

钛冶金及海绵钛发展 / 中国工程院编著. — 北京：高等教育出版社，2015.9

（中国工程科技论坛）

ISBN 978-7-04-043785-0

Ⅰ.①钛… Ⅱ.①中… Ⅲ.①钛-轻金属冶金-研究 Ⅳ.①TF823

中国版本图书馆 CIP 数据核字（2015）第 213036 号

总策划　樊代明

策划编辑	王国祥　黄慧靖	责任编辑	沈晓晶
封面设计	顾　斌	责任印制	韩　刚

出版发行	高等教育出版社	网　　址	http://www.hep.edu.cn
社　　址	北京市西城区德外大街4号		http://www.hep.com.cn
邮政编码	100120	网上订购	http://www.landraco.com
印　　刷	北京汇林印务有限公司		http://www.landraco.com.cn
开　　本	787 mm×1092 mm		
印　　张	11.25	版　　次	2015年9月第1版
字　　数	230千字	印　　次	2015年9月第1次印刷
购书热线	010-58581118	定　　价	60.00元
咨询电话	400-810-0598		

本书如有缺页、倒页、脱页等质量问题，请到所购图书销售部门联系调换

版权所有　侵权必究

物　料　号　43785-00

编辑委员会

主　任：周　廉　干　勇　张　懿

副主任：江东亮　何季麟　周克崧　丁文江

委　员（按拼音字母排序）：

王向东　常　辉　左家和　程兴德　缪辉俊

张廷安　赵永庆　李献民　齐　涛　崔雅秋

陈志强　计　波　张履国　李士凯

材料编撰委员：贾豫冬　朱宏康　谷　宾

目 录

第一部分 综述

综述 3

第二部分 主题报告及报告人简介

中国钛工业现状及发展趋势	王向东 等	11
钛合金低成本化技术发展与思考	常 辉	21
攀枝花钛渣冶炼技术进展	缪辉俊 等	22
中国钛沸腾氯化炉大型化之路	温旺光	38
铝热还原直接制备钛基合金	张廷安 等	67
Ti14 合金半固态变形行为及可锻性研究	赵永庆 等	80
钛及钛合金材料应用经济性分析	李献民 等	93
钒钛磁铁矿综合利用与钛白清洁生产新技术进展	齐 涛 等	105
钛合金产业链介绍及七二五所钛产业发展	李士凯	130
试谈我国海绵钛生产工艺的优化途径——与业内同行商榷	阎守义	131
浅谈如何保证海绵钛产品质量的稳定	张金宝 等	144
650 ℃固溶强化型高温钛合金的探索研究	肖文龙 等	150
国内外钛冶金技术进展	谷宾 等	159

附录 主要参会人员名单 171
后记 173

第一部分
综 述

综　述

一、论坛背景

2014年11月16-17日，由中国工程院主办，中国工程院化工、冶金与材料工程学部和中国钛协会承办的第192场钛冶金工程科技论坛在苏州雅都酒店召开。

中国工程院周廉院士、干勇院士、张懿院士以及中国有色金属工业协会钛锆铪分会王向东秘书长担任论坛主席。

我国钛冶金、钛加工技术近10年来有了长足的进步，在钛的资源综合利用开发中，经过长期不懈的研究和探索，积累了许多经验。本次论坛就我国钛冶金、钛加工等领域的热点、难点、重点问题进行研讨，对促进我国钛工业的发展具有重要意义。

西北有色金属研究院周廉院士、钢铁研究总院干勇院士、中国科学院上海硅酸盐研究所江东亮院士、广州有色金属研究院周克崧院士、上海交通大学丁文江院士、宁夏东方有色金属集团公司何季麟院士以及来自国内的40余家高校、科研单位、企业的近100多名代表出席了论坛。

中国工程院周廉院士致开幕词。他表示钛冶金对航空、陆地、海洋等装备具有重要意义，尤其是钛在海洋中的应用有待提高，特别是在海洋中的耐腐蚀和防污损等方面的问题急需解决；除此之外，在钛质量提高、成本降低、扩大应用等方面还需要进一步研究。本次论坛专家、学者云集，规模宏大，将有助于钛冶金及加工技术的创新和发展。中国工程院干勇院士介绍了钛合金在轻合金中的重要地位。他表示如何根据中国自己的钛矿石特点，进行钛合金冶炼方法的改进很重要；钛合金的市场前景应打开，并扩大其应用量，这将有助于钛合金在航空航天、核电、海洋、石化、生物医药等方面的全面应用；如何寻找一种战略方法来使用好钛资源，将对钛工业的蓬勃发展具有重要意义。

二、论坛成果总结

（一）为国家制定钛产业政策及发展规划献计献策

在论坛报告中，中国有色金属工业协会钛锆铪分会王向东秘书长作了"中国钛工业现状及发展趋势"的报告,重点从中国钛工业的现状、存在问题及发展趋势三个方面做了介绍。根据报告内容,参会专家从钛工业现状出发,为钛工业未来发展规划献计献策。周廉院士指出:在目前的情况下,可以建立若干个钛合金研发中心,利用其平台建设评估一些项目,以支持项目的实现投产,且平台可以分为海绵钛的生产、钛合金的加工、钛合金的基础应用等方向;科研院所可以与产业合作成立,人员方面可从国外引进先进人才;另外在像航空航天、海洋、生物等高端应用方面,要提高钛合金的品质,而像化工等行业也可使用中端钛合金。

江东亮院士建议我国应加强科研院所与企业的合作,比如日本在大型项目上,经常企业、大学、研究所三家合作进行攻关,成果出来之后交给企业完成生产化,我国可以效仿这种模式,对当前合作体制改革创新,提高效率;若想达到高端技术的进步,分工更需精细。同时,这样也会避免目前一些研究所开始办企业,而企业开始办研究所,造成的资源浪费。

何季麟院士指出推广钛及钛合金应用首先要降低海绵钛生产成本与后续的加工成本;建议整个钛研究分成冶炼部分、加工部分、改性部分等,搭建起来几个协同平台,切实发挥研究院所的职能。

周克崧院士提议建立相应产-学-研平台。首先要实现各方面的突破,就要建设相应的平台,以此来调动相关领域的专业人员;充分利用人力资源,比如一些老专家,可以通过平台对一些技术进行评估,或者通过平台建立一些课题,让国家给予一定的支持,以此来节省大量的人力、物力。

丁文江院士提出了三点建议:第一,国家在处理这些问题时,资源配置的体系有缺陷,像企业是创新的主体,而企业是在找政府办事,而不是去找科研单位,找政府是为了拿资源,拿到资源以解决自己眼前的问题,所以资源在配置的时候就往企业倾斜;第二,当前的产-学-研机制中,企业、研究院不应各自做事,比如一些科研单位有了成果之后,自己搞产业化,我国大型企业自成体系搞研发,而世界上的其他大型企业一般与一些民营的研发机构或创新型中小企业相结合,院校教师可以给小企业提供技术以获得价值,小企业在为大企业服务中获得利润,而大企业以批量化、产业化来体现价值,而目前我国的大型企业什么都是自己独自完成,所以我国的产-学-研体系的建立还有很长的路要走;第三,针对钛产业而言可以搞一些平台,关键是靠自己的能力创新设计,不能一味模仿,要拥有自主的产权。

干勇院士表示目前国家新材料的重大专项在启动,习近平总书记曾经表示在原有的16个专项的基础上,为气候环境、能源、生命健康、智能制造等四个方面,再选一些重大项目或重大工程,并成立领导小组,把原来的新材料重大专项变成重大工程,钛合金产业若想抓住发展战略机遇,必须解决技术路线如何选择、要攻破哪些难点、产-学-研机制的重点在哪里等问题。重大专项具有集中各界力量,国家领导牵头,引出地方或社会融资等优势。目前重点支持7类材料,像高温合金、碳素纤维、特种合金等基础前沿材料或大规模工业化应用的材料,钛合金发展战略是目前应注重的,有了战略才能有规划,然后有规划才有计划,有了计划才能去实施,这是一个逐步实现的过程。建议钛产业成立一个联合的平台,包括设计人员、装备人员、材料人员、工艺人员,以促进钛材料的应用,包括舰船、海洋工程、海水淡化等的应用,建立一套标准,建成示范工程产业;最后实现关键技术的突破,形成一个重要的材料支撑体系。

(二) 推进钛冶金和钛加工新理论、新技术的发展

本论坛从经济性角度对钛及钛合金材料的应用提出了肯定。宝鸡钛业股份有限公司李献民副院长以"钛及钛合金材料应用经济性分析"为题,从钛合金材料的优异性能、钛合金与其他材料原料价格变化分析、钛及钛合金材料应用经济性分析、钛及钛合金降低生产成本关键技术分析等6个方面,对钛合金的应用经济性做了全面阐述。报告中指出从全寿命的角度考虑,钛及钛合金投资成本低于不锈钢和其他金属材料;我国钛产业高速发展,具有充裕的产能、产量,而且钛材价格处于历史低位,保证了其经济性;技术的提升、新装备的引进建设,使得产品品质优化、规格大型化,都为钛合金的推广应用提供了充分的条件。因此今后的工作重点为一方面致力于技术进一步提高钛材的品质、降低成本;另一方面和用户一起深化加强钛合金的应用研究工作。

本论坛还对钛合金产业链进行了详细介绍,并介绍了相关院所钛产业的发展。中国船舶重工集团公司第七二五研究所李世凯主任以"钛合金产业链介绍及七二五所钛产业发展"为题,从钛产业链中钛矿产资源、海绵钛生产、铸锭的熔炼,以及七二五所钛产业发展等多个方面作了报告。报告中指出建立钛合金产业链具有的优势,利于上游产业的健康发展;利于钛合金产品质量和技术的提升,根据最终产品质量对上游原材料的特殊要求,在全产业链范围内对相应生产环节的技术或设备进行调整或改进,以满足最终产品质量要求。利于控制钛合金产品成本,缩短供货周期。

除此之外,本次论坛对钛合金相关具体技术进行了介绍。

中国科学院过程工程研究所齐涛所长以"钒钛磁铁矿综合利用与钛白清洁生产新技术进展"为题,从钛资源高效综合利用的背景与技术现状、钒钛磁铁矿利用总体思路、高铬型钒钛磁铁矿选择性还原/磁选-钛渣制备技术、超贫钒钛磁铁矿湿法新流程、熔盐法钛白清洁生产新技术进展等8个方面,对钛资源高效综合利用与清洁生产新技术做了全面的阐述。报告最后指出钒钛磁铁矿的开发利

用需要集成社会优势技术资源,走清洁高效综合利用的新途径,研发针对资源特色的清洁生产新技术,大幅度提高资源利用率,源头减排,走创新驱动之路。这对钒钛磁铁矿未来的发展具有重要指导意义。

鞍钢集团钒钛(钢铁)研究院缪辉俊研究员以"攀枝花钛渣冶炼技术进展"为题,从攀西钛资源的特点、攀西钛渣冶炼技术特点与难点、攀西钛渣冶炼技术的进展以及对未来的展望四个方面,对攀枝花的钛渣冶炼情况做了全面的阐述。报告指出钛渣冶炼是攀西钛资源发展的核心,同时指出了攀枝花钛渣冶炼的困难,为未来钛渣冶炼技术核心指明了方向。

广州有色金属研究院温旺光以"中国钛沸腾氯化炉大型化之路"为题,从国内外钛沸腾氯化技术概述、无筛板沸腾氯化新技术的研究与工程化、中国钛沸腾氯化炉大型化之路等7个方面,对钛沸腾氯化技术进行了讲解。

沈阳铝镁设计研究院阎守义教授以"试谈我国海绵钛生产工艺的优化途径——与业内同行商榷"为题,从钛渣生产、氯化生产、熔盐氯化等方面,对中国海绵钛生产中的问题做了概况性分析。报告指出我国在海绵钛生产各个环节上均落后于国外先进技术,在海绵钛生产大发展时期,大规模地引进了国外技术。因此如何使这些引进技术与国内技术对接、如何使用本土原料与引进装备对接,还需要我们做艰难而细致的工作。

朝阳金达钛业股份有限公司张金宝部长以"浅谈如何保证海绵钛产品质量的稳定"为题,从海绵钛质量对钛合金铸锭质量有遗传性、质量控制的工艺等方面,对海绵钛的质量稳定性进行了分析。报告指出我国对海绵钛中的杂质元素对钛合金性能和质量方面的影响研究不多,特别钛合金中微合金化机制、组织稳定性和力学性能间的关系还不清楚。这需要我们多做这方面的基础研究,积累更多的数据和理论,为未来钛合金的应用提供参考。

东北大学豆志河教授以"铝热还原直接制备钛基合金"为题,从研究背景、铝热还原制备钛基合金存在的问题、铝热还原制备钛基合金的研究进展三个方面,对钛及钛合金的短流程制备做了深入阐述。报告对铝热法高钛铁合金中氧、夹杂物赋存状态及分布规律,TiO_2铝热还原的热力学规律及脱氧平衡极限,TiO_2铝热还原的动力学规律,强化铝热还原直接制备钛基合金(高钛铁、钛铝)的新方法做了重点介绍,这对于开发钛及钛合金短流程清洁制备新理论、新方法具有重要意义。

除此之外,钛合金加工技术作为一个重要方面,也有专家做了介绍。南京工业大学常辉教授以"钛合金低成本化技术发展与思考"为题,从钛合金制备技术、钛合金加工技术、钛合金零部件近净成形技术三个方面做了介绍,其中钛合金制备技术重点介绍了ITP的Armstrong工艺、EMR工艺,钛合金加工技术介绍了一次熔炼直接加工技术、Beta 锻造技术、钛合金连铸/连轧技术、钛合金零部件近净成形技术精密铸造技术、粉末冶金及近净成形、增材制造技术-激光铺粉、增材制造技术-电子束送丝、增材制造技术-电子束铺粉等,为钛合金制备和加工成本降低提供了切实可行的思路。

长安大学陈永楠教授以"典型钛合金半固态加工技术"为题,从降低钛合金成本的途径之一——钛合金半固态加工的实验过程、研究成果、分析与结果等方面,对钛合金半固态加工技术做了全面阐述。

(三)促进钛合金领域学术界与企业界的合作交流

本次论坛的参会人员中有中国工程院院士 6 人,分别为西北有色金属研究院周廉院士、钢铁研究总院干勇院士、中国科学院上海硅酸盐研究所江东亮院士、广州有色金属研究院周克崧院士、上海交通大学丁文江院士、宁夏东方有色金属集团公司何季麟院士,除此之外,还有来自高校(北京航空航天大学、南京工业大学、东北大学)、科研院所(西北有色金属研究院、钢铁研究总院、广州有色金属研究院、中国科学院过程工程研究所、中国船舶重工集团公司第七二五研究所、沈阳铝镁设计研究院、四川省攀枝花市科技发展战略研究所)、企业(鞍钢、宝鸡钛业股份有限公司、朝阳金达钛业股份有限公司、宝钢特钢有限公司、中铝沈阳有色金属加工有限公司、遵义钛业股份有限公司)以及学会的代表,这次会议为从事钛生产和研究的代表提供了交流的平台,给年轻的从业人员提供了很好的学习机会,对钛冶金和钛加工的重点和难点做了重点讨论,为钛产业今后发展指明了方向。

(四)扩大中国工程科技论坛影响

中国工程科技论坛是我国工程科技交流的重要平台,在中国工程院的支持下,本次论坛顺利召开,并受到行业内众多专家、学者支持,影响面十分广泛。本次论坛就我国钛冶金、钛加工等领域的热点、难点、重点问题进行研讨,从我国钛冶金、钛加工现状出发,从目前存在的问题入手,深入探讨了目前问题的解决方法,明确了未来的发展方向及目标,对中国钛产业的蓬勃发展和战略转型具有重要意义。

第二部分
主题报告及报告人简介

中国钛工业现状及发展趋势

王向东　逯福生　贾　翃　郝　斌
中国有色金属工业协会钛锆铪分会

摘要： 本文概述了21世纪以来中国钛工业在产能、产量、装备上的发展现状及技术进步。分析了中国钛工业的不足，提出了近期的发展目标。

一、中国钛工业现状

钛及其合金具有比强度高、耐腐蚀、高低温性能好、无磁性等一系列突出优点，而在航空航天、海洋工程、医疗、化工、电力、冶金、体育休闲等行业有广泛的应用。

中国钛工业是在老一辈党和国家领导人的关怀下成长起来的，从20世纪50年代开始研究起步，经历了创业期（1954—1978年）、成长期（1979—2000年）和崛起期（2001年至今）逐步发展起来，目前我国已是世界产钛用钛的大国。

（一）产能

截至2013年，中国海绵钛产能达15万t/a，其中遵义钛厂产能达到3.4万t/a，为世界级的海绵钛大厂。

与此同时，美国Timet公司具有1万t/a的产能，乌克兰具有1万t/a的产能，哈萨克斯坦有4万t/a的产能，俄罗斯具有4万t/a的产能，日本东邦公司具有2.8万t/a的产能，日本大阪钛公司具有3.8万t/a的产能。全世界合计共有31.6万t/a的海绵钛产能，中国产能占世界总产能的47.5%。

（二）产量

根据中国有色金属工业协会钛锆铪分会的统计，2000年中国海绵钛的产量仅1905 t，钛加工材的产量仅2233 t。2013年，中国海绵钛的产量已达81 171 t，钛加工材的产量已达44 453 t，分别增长了41.6倍和18.9倍（表1和表2）。

表1 21世纪以来中国海绵钛产量

	2000年	2001年	2002年	2003年	2004年	2005年	2006年	2007年	2008年	2009年	2010年	2011年	2012年	2013年
产量/t	1905	2468	3328	4113	4809	9511	18 037	45 200	49 632	40 785	57 770	64 952	81 451	81 171
增率/%		29.6	34.8	23.6	16.9	97.8	89.6	150.6	9.8	−17.8	41.6	12.4	25.4	−0.34

表2 21世纪以来中国钛加工材产量

	2000年	2001年	2002年	2003年	2004年	2005年	2006年	2007年	2008年	2009年	2010年	2011年	2012年	2013年
产量/t	2233	4720	5482	7080	9292	10 135	13 879	23 640	27 737	24 965	38 323	50 962	51 557	44 453
增率/%		111.4	16.1	29.1	31.2	9.1	36.9	70.3	17.3	−10.0	53.5	33.0	1.2	−13.8

（三）中国钛制品产量在世界总产量中的占比

2013年，中国共生产海绵钛81 171 t，占世界总产量191 671 t的42.3%，中国共生产钛加工材44 453 t，占世界总产量125 453 t的35.4%。2007年，中国海绵钛产量达45 200 t，已居世界第一位。2010年，中国钛加工材产量达38 323 t，已居世界第一位（表3、表4）。

表3 全球海绵钛历年的产量和占比

年份	美国		日本		哈萨克斯坦		俄罗斯		乌克兰		中国		总和/t
	产量/t	占比/%	产量/t	占比/%	产量/t	占比/%	产量/t	占比/%	产量/t	占比/%	产量/t	占比/%	
2001	7500	11.1	25 107	37.1	12 000	17.7	21 000	31.1	−	−	2000	3.0	67 607
2002	5600	7.9	22 652	31.9	11 000	15.5	22 000	31.0	6000	8.4	3800	5.3	71 052
2003	5600	7.6	18 617	25.4	12 000	16.4	26 000	35.5	7000	9.6	4000	5.5	73 217
2004	8500	9.4	26 233	29.1	16 500	18.3	27 000	30.0	7000	7.8	4809	5.3	90 042
2005	8000	7.9	30 549	30.2	17 000	16.8	28 000	27.7	8000	7.9	9511	9.4	101 060
2006	12 300	9.9	36 995	29.9	18 000	14.5	29 500	23.8	9000	7.3	18 037	14.6	123 832
2007	17 100	10.4	38 533	23.4	21 000	12.7	32 000	19.4	11 000	6.7	45 200	27.4	164 833
2008	18 800	10.9	40 000	23.1	23 000	13.3	32 000	18.5	9500	5.5	49 600	28.7	172 900
2009	16 000	12.0	25 000	18.7	20 000	14.9	26 000	19.4	6000	4.5	40 785	30.5	133 785
2010	18 000	11.3	32 000	20.1	14 700	9.2	29 000	18.3	7634	4.8	57 770	36.3	159 104
2011	24 000	11.7	52 600	25.6	20 000	9.7	35 000	17.0	9000	4.4	64 952	31.6	205 552
2012	12 600	5.7	57 000	25.6	20 000	9.0	42 000	19.1	9000	4.0	81 451	36.6	222 651
2013	12 000	6.3	25 500	13.3	20 000	10.4	44 000	23.0	9000	4.7	81 171	42.3	191 671

表 4 全球钛加工材历年的产量和占比

年份	美国 产量/t	比例/%	日本 产量/t	比例/%	欧洲 产量/t	比例/%	俄罗斯 产量/t	比例/%	中国 产量/t	比例/%	总和/t
2001	23 000	36.8	14 434	23.1	7000	11.2	13 404	21.4	4720	7.5	62 558
2002	16 200	28.2	14 481	25.2	6500	11.3	14 800	25.8	5480	9.5	57 463
2003	15 700	26.8	13 838	23.6	6500	11.1	15 400	26.3	7080	12.1	58 518
2004	19 300	26.0	17 387	23.4	8000	10.8	20 200	27.2	9292	12.5	74 180
2005	23 800	29.1	18 147	22.2	9000	11.0	20 730	25.3	10 126	12.4	81 803
2006	30 200	31.8	17 317	18.2	10 000	10.5	23 700	24.9	13 879	14.6	95 096
2007	33 200	29.0	19 087	16.7	11 000	9.6	27 540	24.1	23 640	20.7	114 467
2008	34 800	29.5	19 727	16.7	10 000	8.5	25 620	21.7	27 737	23.5	117 884
2009	32 000	34.1	12 000	12.8	7000	7.4	18 000	19.2	24 965	26.6	93 965
2010	34 615	30.9	13 783	12.3	4000	3.6	21 000	18.9	38 323	34.3	111 721
2011	45 500	30.7	19 358	13.1	5000	3.4	27 200	18.4	50 962	34.4	148 020
2012	39 800	28.0	16 183	11.4	5000	3.5	29 450	20.7	51 557	36.4	141 990
2013	36 000	28.7	12 000	9.6	4000	3.2	29 000	23.1	44 453	35.4	125 453

(四) 中国钛制品的进出口情况

随着中国钛工业的快速发展,中国逐步由一个钛制品的主要进口国变成主要出口国,这个转变海绵钛发生在 2006 年,钛加工材发生在 2007 年。

但是,细分钛加工材的进出口产品可以发现,中国进口的主要钛加工材是技术含量较高的薄板和焊管,而出口的钛加工材主要是较初级的钛棒和厚板,中国钛制品的产品结构还不合理,还是以中低端产品为主(图 1、图 2 和表 5)。

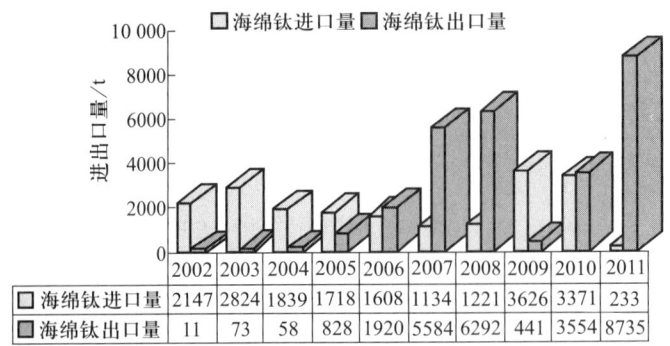

图 1 近 10 年中国海绵钛的进出口量

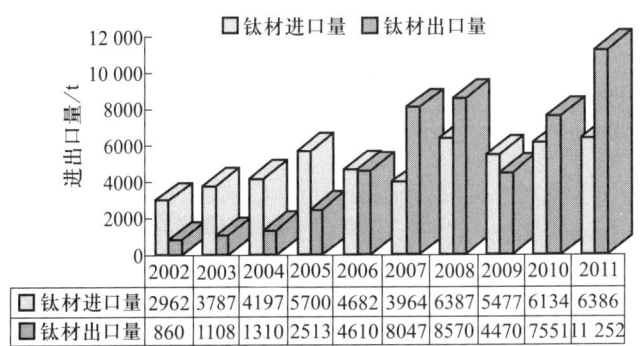

图 2 近 10 年中国钛加工材的进出口量

表 5 2011 年中国钛制品进出口统计

名称	进口		出口		净出口量/kg
	数量/kg	金额/美元	数量/kg	金额/美元	
海绵钛	233 490	2 595 035	8 734 876	89 650 989	8 501 386
其他未锻轧钛	231 883	5 921 065	1 746 097	29 391 357	1 514 214
钛的粉末	2313	255 649	96 683	1 236 568	94 370
钛废碎料	51 780	186 408	436 082	1 767 334	384 302
钛条、杆、型材及异型材	441 937	28 617 428	5 256 327	108 591 348	4 814 390
钛丝	175 538	8 588 968	224 099	9 715 316	48 561
厚度不超过 0.8 mm 的钛板、片、带、箔	2 200 850	64 467 880	167 461	5 200 836	-2 033 389

续表

名称	进口		出口		净出口量/kg
	数量/kg	金额/美元	数量/kg	金额/美元	
厚度超过0.8 mm的钛板、片、带	823 083	37 865 620	2 767 578	66 623 934	1 944 495
钛管	2 300 475	78 136 339	1 399 480	54 868 797	-900 995
其他钛及钛制品	444 121	77 398 279	1 437 378	56 655 946	993 257
钛材合计	6 386 004	295 074 514	11 252 323	301 656 177	4 866 319

注：据中国有色金属工业协会钛锆铪分会跟踪统计，进口钛管基本上是钛焊管，而出口钛管只是轧制管。

（五）需求分配

根据我们的统计，中国钛加工材的主要应用领域是化工，占总应用的54%；依次是电力，占14%；航空航天占11%；冶金占6%；……。详见图3。

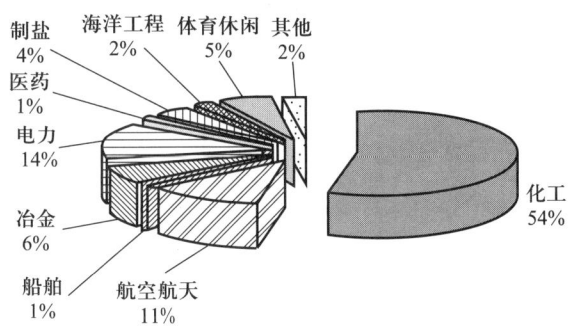

图3　2013年中国主要钛加工材在不同领域的应用比例

（六）技术装备的巨大进步

21世纪以来，中国钛工业的技术装备取得了重大进步。在钛冶金方面，中国研制成功了适应国内原料的 $\Phi 2.4 \sim 2.6$ m的无筛板沸腾氯化炉、世界最大的单炉12 t的大型海绵钛还蒸炉。引进建成了25.5 MW半密闭电渣炉、30 MW直流密闭电渣炉、$\Phi 2.4$ m大型有筛板沸腾氯化炉、多极性镁电解槽等先进装备。

在钛加工方面更是装备了先进的钛及其合金加工装备。计有10条海绵钛及其合金的混料布料系统，33台8 t以上大型真空自耗电弧炉，8台大型电子束冷床炉，1台大型等离子冷床炉，3台4500 t快锻机组，2台6000 t快锻机组，1台10 000 t自由锻机组，3台20辊钛带冷轧机组，1套300~10 000 t等温模锻系统，

1台6500 t挤压机组(图4至图10)。

图4　10 t真空自耗电弧炉

图5　3200 kW EB炉

图6　3000 kW PAM炉

图 7　6500 t 挤压机

图 8　4500 t 快锻机

图 9　10 000 t 等温模锻机

图 10　20 辊冷轧钛带机组

(七) 节能减排技术也取得重大进步

主要海绵钛企业已基本实现氯化炉的密闭排渣,杜绝了氯气的无组织排放。海绵钛的吨电耗已由"十二五"初期的 34 000 kW·h/t 下降至 21 000~23 000 kW·h/t。

(八) 产品质量上的进步

海绵钛零级品率已由"十二五"初期的 30% 左右提高 65% 左右。

布氏硬度≤95% 的超软钛已可批量生产(约占产量的 10%)。

高纯钛(N4.5-N5)已批量生产。

加工材已可满足国内的大部分需求,钛带和焊管已批量生产。

二、存在的问题

(一) 中低端钛制品产能过剩

经过 21 世纪以来的快速发展,中国海绵钛的产能已达 150 000 t,钛锭的产能已达 109 000 t,而 2013 年实际的产量分别为 81 171 t 和 62 216 t,开工率不足,而且大多数企业均处在中低端产品的生产定位上,产品趋同,竞争激烈,效益低下。另外,在航空产品、医疗产品等高端产品的生产上,我们还不能满足国内的发展需求,航空钛合金材料和医用钛合金材料等高端钛制品还需要进口。因此,中国钛行业处在结构性过剩中。

（二）自主创新能力不强

长期以来,我们研制鉴定了很多新型钛合金,但自主的原创性的不多,绝大多数是跟踪仿制国外同类产品,并且对新型钛合金的基础性、系统性的研究不够,阻碍了新型钛合金的应用。

（三）钛合金成分组织一致性、批次稳定性不够

目前,中国钛行业的技术装备已居世界前列,也生产了大量的优质钛合金材料来满足国民经济发展的需要。但是大飞机和航空发动机等高端钛合金材料的可靠性、批次稳定性较差,导致发动机叶片和风扇盘等关键部件蠕变变形,发动机性能下降,不能满足大飞机、医用人体植入件的需求。

三、中国钛工业的发展趋势

（一）需求

根据我们的统计,2013年中国生产钛加工材44 453 t,实际需求约4万t,按与国民经济同步7%~8%的增长率增长,2020年中国对钛加工材的需求约为8万t/a。

2013年,中国航空航天领域对钛加工材的需求是4666 t,预计到2020年,将增长到年需求量12 000 t。航空航天、海洋、医疗、电力等行业将是用钛量增长的主要行业。

（二）趋势

在国家转变增长方式、产业升级、科学发展政策的指导下,中国钛行业也必将迎来一个深度发展时期。这个时期里,节能减排与环境和谐发展,提高企业的管理水平和技术水平,提高产品质量,增强自主创新能力将是主旋律。因此,在今后几年里大体将有如下几个主要趋势。

1. 将成长起来5~10家大型钛联合企业

通过企业的积累式发展,或是通过兼并重组,在2020年前中国将有5~10家大型钛联合企业成长起来。这些企业将有较大的规模产能(海绵钛产量≥2万t/a,或钛加工材产量≥1万t/a),有较长的产业链,有较强的自主创新的科研能力。同时我们的中小企业仍将保持很强的活力,实现专业化、差异化发展。

2. 海绵钛产品升级

通过几年的发展,中国海绵钛质量将完全达到日本和俄罗斯的水平,即零级

品率≥70%,超软钛≥30%,吨钛电耗≤20 000 kW·h,实现全流程清洁生产。

3. 高性能钛合金加工材产品升级

攻克钛及其合金加工材性能均匀性、稳定性、批量一致性的技术难题,开发先进钛合金及其加工技术,促进钛合金加工材产品性能全面升级,满足航空、航天、海洋工程和医疗领域对高性能钛材的需求。

王向东 1955年生,教授级高工。1982年1月毕业于原北京钢铁学院理化系,1988年毕业于北京有色金属研究总院研究生部,获硕士学位。1982—1998年在北京有色金属研究总院从事钽铌和铝的冶炼项目研究,获多项部级成果。其间,任303室副主任(主持工作),稀冶所书记兼副所长。1998年任全国钛办副主任(主持工作)、中国有色金属工业总公司钛技术开发中心主任。2002年任钛分会(现为钛锆铪分会)副会长兼秘书长,一直从事钛锆铪的应用推广和行业协调工作。

钛合金低成本化技术发展与思考

常 辉

南京工业大学先进金属材科研究院

摘要：降低成本是包括钛合金在内的材料制备和加工领域永恒的话题。钛合金自商业化生产起,降低钛合金成本的相关研究和开发工作就已经开始,由数据表明,海绵钛成本每降低 1 美元/磅,钛合金加工材的成本就会降低 10%,从而带动非宇航领域用钛市场 100%的增长。在目前我国钛产业过剩、市场低迷的特殊时期,降低钛合金成本尤其重要。本文从钛金属制备技术和钛合金加工成型技术两个方面,评述了目前在钛合金低成本制备加工技术方面的主要进展,包括 Armstrong、EMR 以及 CSIR 等已经小批量实现商业化生产的先进钛金属制备技术;电子束/等离子一次熔炼直接加工、β 锻造以及钛合金连铸连轧等钛合金材料加工技术;精密铸造、粉末冶金以及增材制造等相关钛合金零部件近净成型技术。钛合金的低成本制备加工技术在我国应该得到充分的重视,期望通过 5~10 年的深入研究,使我国钛合金的制备加工成本得到进一步降低,在非宇航领域的应用规模和数量得到显著提升,为我国钛工业的稳定和持续发展提供技术支持。

常辉 1969 年生,中法双博士,任南京工业大学先进金属材料研究院教授、副院长。重点开展海洋工程钛合金材料的技术研究、钛合金先进加工成型技术研究等工作。中国材料研究学会青年委员会理事,中国有色金属学会材料科学与工程学术委员会委员,全国钛及钛合金学术交流会组委会委员。先后承担国家"973"计划项目课题、"863"计划项目、国防科工委重点工程项目、配套项目及省市重点科技攻关项目 10 余项。发表学术论文 100 余篇,SCI 收录 50 余篇,授权国家发明专利 14 项。曾获国防科工委协作配套先进个人、陕西省优秀科技管理先进个人、西安经济技术开发区科技创新带头人等荣誉称号。曾担任第十二届世界钛会(Ti-2011)秘书长,现任中国工程院重点咨询项目"海洋工程关键材料发展战略研究"钛金属组组长。

攀枝花钛渣冶炼技术进展

缪辉俊　韩可喜　张溅波

鞍钢集团钒钛(钢铁)研究院,钒钛资源综合利用国家重点实验室

一、引言

钛铁矿是世界上储量最丰富、消耗最多的钛矿资源。在2014年USGS发布的钛资源储量数据表明,钛铁矿的储量约70 000万t,而中国储量比重达到30%。我国的钛铁矿资源以钛磁铁矿为主,其储量达到4.6亿t。这些钛磁铁矿主要分布在四川攀西地区,河北、山西和陕西等地。其中,四川攀西地区的钒钛磁铁矿是我国储量最多的钛矿资源,它占全国储量的比重达到95%。攀西地区钒钛磁铁矿呈带状分布,主要有攀枝花矿区(8.46亿t)、红格矿区(35.5亿t)、白马矿区(12.95亿t)和太和矿区(17.18亿t)。这种钛铁矿是一种典型的复杂多元素岩矿,它的TiO_2品位低,MgO、CaO和SiO_2等非铁杂质含量高,可选性差,选出的精矿TiO_2品位也较低,后续提取Ti比较困难[1]。

钛铁矿主要用来生产钛白粉(TiO_2)和金属钛材,其中,钛白粉生产所占的比重最大,每年有超过90%的钛铁矿被用来生产钛白粉。钛白粉生产工艺主要有硫酸法和氯化法。攀西钛铁矿杂质多、结构复杂,虽然可以直接用作硫酸法钛白生产,但是钛铁矿品位过低,直接用作硫酸法原料会导致严重的环境污染[2-3]。采用高品位钛渣(采用钛铁矿为原料在电炉中熔炼产生TiO_2含量大于70%的钛渣)为原料不仅可以解决硫酸法的部分三废问题,还可以大大缩短其生产工艺周期,随着环保的加强,硫酸法钛白采用钛渣为原料是必然趋势。而对逐渐取代硫酸法的国际公认先进清洁生产技术氯化法来说,它主要以天然或人造金红石、高钛渣作为氯化原料。其中,天然金红石资源逐渐枯竭,而人造金红石又存在着环保问题,因此高钛渣在氯化法钛白生产中所占比例同样越来越高。另外,钛白粉属于不可回收产品,它的应用是一次性的浪费使用,而钛材则是可以回收利用的,因此,钛的生命周期及资源循环使用的形式更支持钛材的发展,而钛材加工也需要采用高钛渣为原料,要走钛精矿—高品位钛渣$TiCl_4$—海绵钛—钛金属—

钛材/钛合金的工艺路线。此外,钛铁矿中的铁在硫酸法钛白、升级制备人造金红石工艺中都只能获得极有限的价值,甚至是浪费和污染,只有通过钛渣冶炼才可获得极大经济价值。因此,钛白粉和金属钛材的生产工艺发展均决定了钛渣熔炼成为攀西钛资源发展的核心和趋势。

钛渣冶炼还可以大大提升钛资源的价值。就攀钢来说,年产 50 万 t 钛铁矿,按 600 元/t 来算,价值为 3 亿元;经过电炉熔炼得到 30 万 t 的 74%(TiO_2 品位)钛渣,按 3000 元/t 算,其价值升至 9 亿元,钛渣进一步升级成为 24 万 t 的 94%(TiO_2 品位)钛渣,按 6000 元/t 算,价值进一步升至 15 亿元。

攀西地区钛精矿的大规模利用历史,是从 1979 年 10 月建成年产 5 万 t 钛精矿选矿试验厂开始的。20 世纪 80 年代,攀钢的钛精矿开始推广成为国内硫酸钛白的原料,直到 90 年代初,攀西的钛精矿才真正成为硫酸钛白大规模利用的优质原料,实现了攀西地区钛资源的利用突破;2013 年,攀钢钛冶炼厂实现了采用 100%攀枝花钛精矿冶炼生产钛渣,使得攀钢海绵钛采用 100%攀枝花钛原料通过熔盐氯化生产工艺路径生产海绵钛,进而生产钛锭、钛材。这又是一个从钛资源到钛材开发利用里程碑式的进展。这样,攀西钛资源的开发利用流程已经打通,未来攀西钛资源的可持续发展有了一条高速公路;然而,考察一下国际上现在流行的低成本、高效率、更环保的沸腾氯化四氯化钛和钛白粉生产工艺,攀西地区的钛原料由于夹含太多的硅酸盐相,使其与沸腾氯化工艺不兼容。这不能不说是攀西巨大钛资源的一大遗憾,但攀枝花的科研人员决心改变这一局面:攀钢集团公司目前正在投巨资和高科技人力攻克沸腾氯化钛原料这个最后的难关,同时优化完善熔盐氯化海绵钛和沸腾氯化四氯化钛加工技术,实现攀西钛资源从钛矿经过氯化(包括熔盐氯化和沸腾氯化)到四氯化钛和钛白粉生产工艺的全面突破。

二、攀钢钛渣冶炼技术进展

(一)渣冶炼原理

用钛精矿冶炼钛渣的实质就是钛精矿与还原剂(焦炭或煤)混合加入电炉进行还原熔炼,钛精矿中铁的氧化物被选择性地还原为金属铁,而钛的氧化物被富集在炉渣中,经渣铁分离获得钛渣和副产品半钢。还原熔炼期间可能发生的主要化学反应如下[4]:

$$1/3Fe_2O_3 + C = 2/3Fe + CO \quad (1)$$

$$FeTiO_3 + C = TiO_2 + Fe + CO \quad (2)$$

$$2/3FeTiO_3 + C = 1/3Ti_2O_3 + 2/3Fe + CO \quad (3)$$

$$FeTiO_3 + CO = TiO_2 + Fe + CO_2 \quad (4)$$

$$2/3\ FeTiO_3 + CO = 1/3Ti_2O_3 + 2/3Fe + CO_2 \quad (5)$$

$$Fe_2O_3 + CO = 2FeO + CO_2 \quad (6)$$

$$1/3Fe_2O_3 + CO = 2/3Fe + CO_2 \quad (7)$$

$$SiO_2 + C = SiO + CO \quad (8)$$

$$1/2SiO_2 + C = 1/2Si + CO \quad (9)$$

$$MnO + C = Mn + CO \quad (10)$$

$$1/2V_2O_5 + C = 1/2V_2O_3 + CO \quad (11)$$

$$1/2V_2O_3 + C = 2/3V + CO \quad (12)$$

还原过程主要渣相产物为 $FeTi_2O_5$ 和 Ti_3O_5（$TiO \cdot TiO_2$、$TiO \cdot 2TiO_2$）；钛精矿和还原剂中的未被还原的其他金属氧化物（包括低价氧化物）也会与大部分钛氧化物形成二钛酸盐，如 $MgO \cdot 2TiO_2$、$MnO \cdot 2TiO_2$、$TiO \cdot 2TiO_2$ 等，它们的二价或三价离子的半径相近，因而可类质同象地相互取代。这些 M_3O_5 型化合物都具有变形的板钛矿的斜方晶结构，晶格参数也相近，能相互溶解形成连续固溶体——黑钛石。

（二）攀枝花钛渣冶炼发展历史

建立于三线时期的攀钢一直致力于攀枝花钒钛磁铁矿的开发利用。经过40多年的努力开发，攀枝花已经形成规模化的钛产品生产能力，年产钛精矿52万 t、钛渣15万 t、钛白10万 t（氯化法生产线技术攻关中）、海绵钛1.5万 t、钛材3400 t、高纯二氧化钛200 t。

钛产业发展离不开优质的高档钛原料——钛渣，因此攀钢在2006年就引进乌克兰钛渣冶炼技术，并组合国内的组合式自焙电极技术，率先建成并投产当时亚洲最大的钛渣电炉——25 MV·A 大型钛渣炉，钛渣生产工艺流程见图1。2010年9月二期建设后，攀钢建成了3台25.5 MV·A电炉，形成了年产18万 t酸溶性钛渣的生产能力[5]。

（三）攀枝花钛渣冶炼难点及进展

在钛渣的生产运行过程中，出现了一系列的冶炼技术难点和问题。这些技术难点主要分为三个方面：①由于国外先进钛渣冶炼技术保密，缺乏公开交流，且攀枝花钛精矿高温性能数据缺乏，这导致我们难以掌握钛精矿在大型电炉上高效率和高功率的操作工艺制度，造成冶炼过程电耗高、钛渣生产成本高；②目前攀枝花地区的钒铁磁铁矿开采以铁资源开发为主，先选铁然后尾矿再选矿的工艺发展导致钛精矿粒度变得非常细，细颗粒直接入炉困难，同时引起物料透气

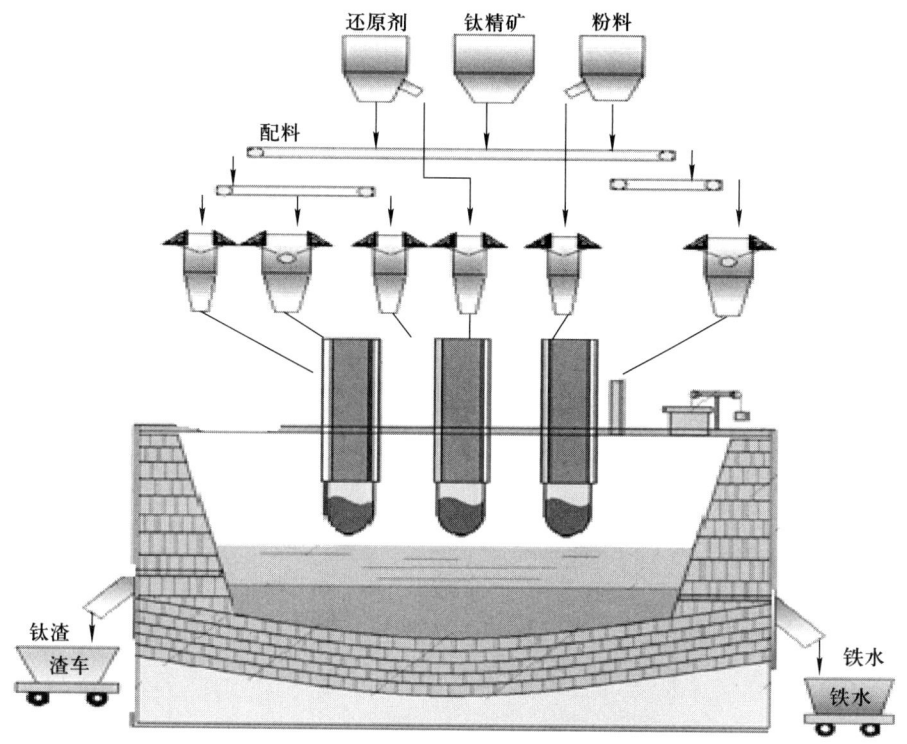

图 1 钛渣生产工艺流程图

性差并造成冶炼泡沫渣严重,必须开发与之适应的技术;③存在冶炼过程温度高、泡沫渣严重、挂渣层冲刷等问题,缺乏有效的控制维护技术。

针对这些技术难点,攀钢形成了一系列的研究、攻关项目,其中包括酸溶性钛渣结构相研究,钛渣电炉热平衡,全攀矿钛渣冶炼工艺,钛精矿造球工艺研究,内配碳球团冶炼工艺,钛精矿预还原冶炼研究,钛渣冶炼元素走向测试,微量元素限量分析,自焙电极,低、高功率石墨电极等。从建厂初开始,攀钢钛冶炼厂和攀钢研究院就联合国内外高校及研究院所对钛渣冶炼的这些项目进行自主研发攻关,到现在已经形成了一系列的钛渣冶炼和升级技术。

(四) 攀钢钛渣冶炼技术进展

1. 半密闭大型电炉高效冶炼技术

在钛渣厂生产初期,钛渣冶炼整体技术与设计水平相比仍存在较大差距,主要表现如下。一是电炉的吨渣冶炼功耗指标较高,2008 年冶炼电耗平均为 2550 kW·h,与设计指标 2400 kW·h 还有一定的差距。二是电炉的产量水平偏低,2008 年实际产能为 3.5 万 t,与设计产能 6 万 t/a 存在较大的差距。这主要是由冶炼负荷低导致的,而冶炼负荷的提高,又受电炉炉衬寿命的限制。因为提高冶炼负荷会使电炉热区扩大,对炉体和挂渣层的加热效果更加明显(图2),容易导致挂渣层被洗刷,造成炉衬温度升高,增加对电炉炉衬的侵蚀,降低电炉寿命,严重时可能导致电炉烧穿。三是自焙电极系统故障较多、设备作业率较低,2008年平均设备作业率为88%,与设计指标92%相比还偏低。这些差距证明大型电炉冶炼钛渣的关键核心技术未被有效掌握,需深入研究加以解决。

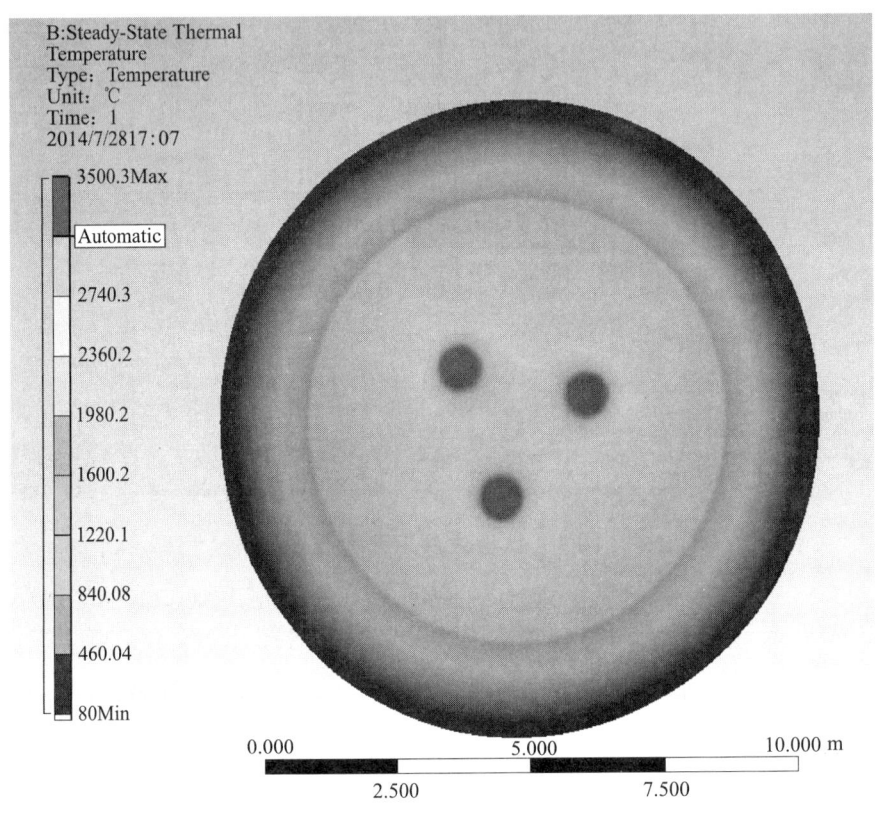

图2　电炉炉内温度场分图

主要开展的研发工作有:① 自焙电极在钛渣电炉的应用技术集成,主要包括自焙电极电极糊的研究和电极操作制度的优化,自焙电极绝缘工艺及装备技术的优化;② 大型电炉高效冶炼技术的开发,主要包括大型电炉钛渣冶炼操作技术的优化、多点布料冶炼钛渣技术、渣铁口长寿化技术;③ 细粒级钛精矿造粒及冶炼钛渣技术:以攀枝花微细粒级钛精矿为研究对象,通过实验室研究黏结剂及压球参数、设计工业生产线及工业试验(压球生产产品和现场见图3),形成了以微矿为基础的独特冶炼钛渣工艺。

系统开发自焙电极在大型钛渣电炉中的应用技术,主要包括:① 自焙电极电极糊的研究和电极操作制度的优化,自焙电极绝缘工艺及装备技术的优化;②

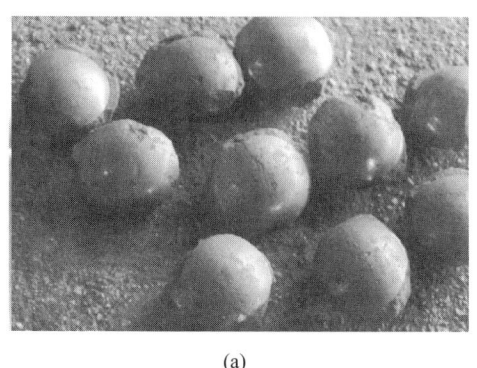

图 3 攀钢钛精矿压球产品(a)和现场(b)

在攀枝花钛精矿熔炼特性分析及钛渣电炉热量平衡测试研究的基础上,全面优化电炉的操作制度,主要包括电炉供电技术、电炉挂渣层维护研究、出炉制度、渣/铁口材质及结构的优化;③ 在电炉温度场模拟的基础上,设计多点布料装置并完成了工业化应用(钛渣电炉料仓料管布局图和料仓现场见图4)。

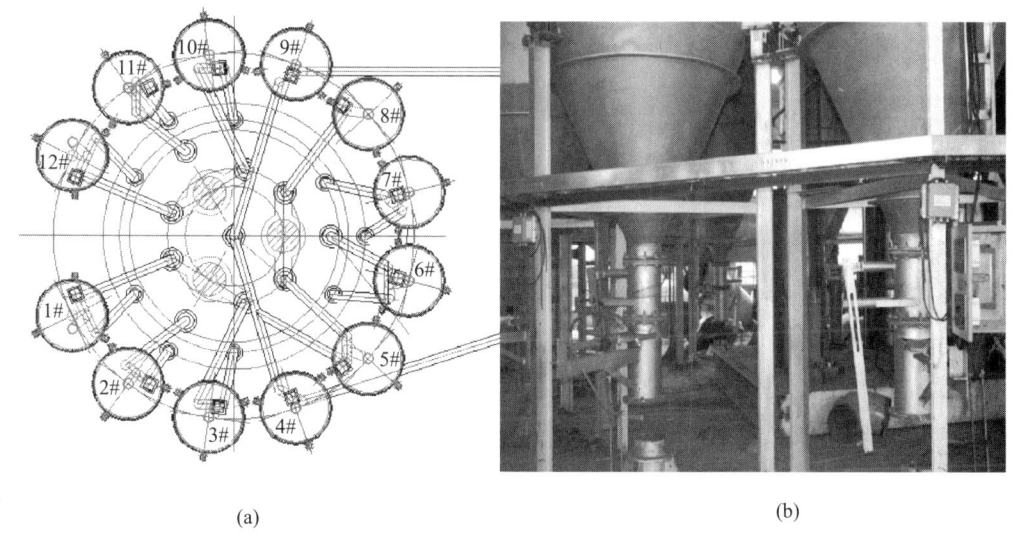

图 4 钛渣电炉料仓料管布局图(a)和料仓现场(b)

上述工作的开展,解决了制约大型电炉冶炼钛渣技术的关键问题。目前在1#电炉进行了提高冶炼负荷试验,平均送电功率可达到 20 MW·A。从运行期间炉衬温度(图5)和炉况(图6)来看,稳定试验期间电炉挂渣层十分稳定。目前攀钢钛冶炼厂实际年产量由 3.5 万 t 提升至 5.15 万 t,产量提升 47.1%,采用云南矿与攀枝花矿混合冶炼,电耗实现 2106 kW·h,达到或接近世界先进水平。

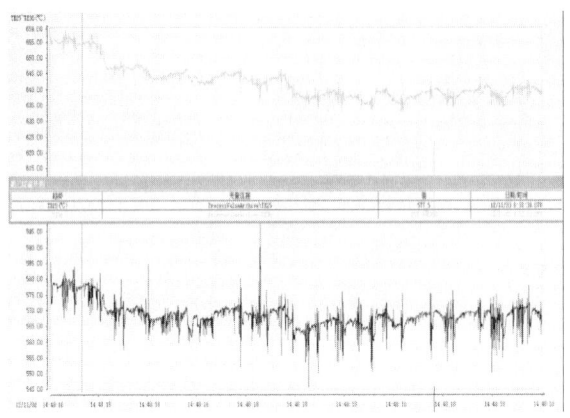

图5 冶炼时铁口两侧热电偶温度变化情况

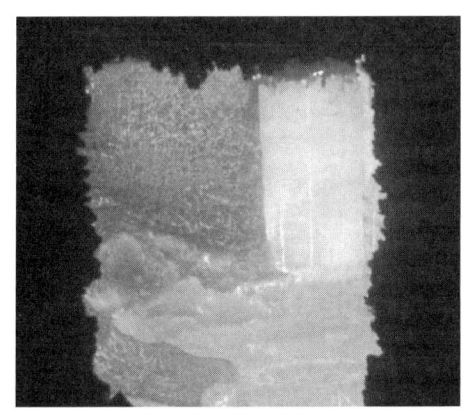

图6 冶炼时挂渣层情况

大型电炉钛渣冶炼技术的形成,为我国高端钛产业的发展提供原料支撑,对我国发展大型电炉冶炼钛渣技术具有积极的指导意义。

2. 全攀枝花钛精矿冶炼钛渣工艺技术

为了加大攀枝花钛精矿的利用,在钛渣一期投产初期就开展过攀枝花钛精矿冶炼钛渣的相关试验研究,但最终未采用全攀枝花钛精矿进行冶炼钛渣,主要存在以下三个问题:① 过去冶炼工况在大型电炉上难以控制、电耗高、工艺不顺;② 当时硫酸法钛白市场需求定位品位为78%钛渣;③ 当时云南钛矿供应充足,冶炼使用云南矿优于攀枝花矿。如图7所示,攀枝花钛精矿和云南钛精矿XRD图谱基本相似,主要物相为钛铁矿、磁铁矿、铁橄榄石、镁橄榄石和镁钛矿。攀枝花钛精矿与云南钛精矿的主要区别是攀枝花钛精矿含磁铁矿、铁橄榄石和镁钛矿的峰比较明显,且云南钛精矿中没有铁橄榄石,而铁橄榄石是一种还原性差、致密性好的硅酸盐化合物[6-7]。因此,大型电炉冶炼云南矿相比攀枝花矿所需的能耗要高于云南钛精矿,且冶炼稳定性大为增加,泡沫渣少。

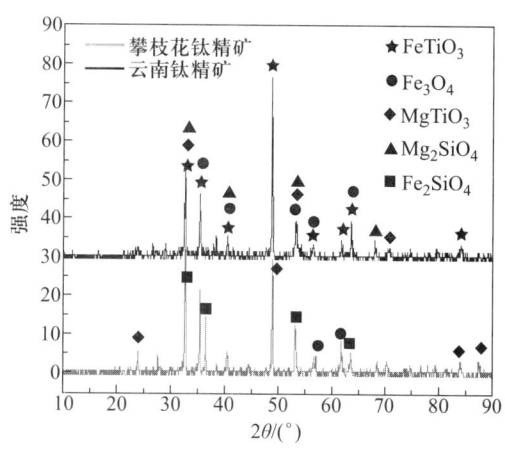

图 7　攀枝花矿和云南矿的 XRD 衍射图

近年来随着攀西地区钛矿资源综合利用的加快,加之云南钛精矿的品质下降,以及国内对砂矿资源争夺的加剧,采用攀枝花钛精矿(岩矿)冶炼钛渣势在必行。另外,用品位为74%左右的钛渣代替钛精矿作原料生产硫酸法钛白得到全面的认可[8],因为用钛渣作原料不直接生成绿矾,"三废"的排放量要少得多,从而避免了投入大量资金去处理"三废",而海绵钛初步尝试使用74%品位的钛渣也获得相应成功。目前钛渣二期在一期的基础上,对炉型参数进行了优化调整,采用了多点布料结构,新增了微细粒级钛精矿造球生产线,具备在大型电炉上开展攀枝花钛精矿冶炼钛渣的基础。因此,对攀西地区钛资源的充分开发利用来说,采用全攀枝花钛精矿冶炼钛渣势在必行!

2013年以来,针对大型电炉冶炼过程中存在着攀枝花钛精矿粒度细、结构致密还原难度大、CaO+MgO含量高、挂渣层不易维护等问题,项目组在基础研究、工艺研究及重点装备研究相结合的技术思路上,经过不断的总结与分析,对钛渣电炉操作工艺参数进行了调整,基本掌握了攀枝花钛精矿的大型电炉冶炼钛渣生产操作工艺,形成了以黏结剂加入量、混料时间及水分含量、压球机压力和辊皮转速、干燥温度和时间等操作参数为核心的微细粒级攀枝花钛精矿球团制备技术、多点布料在粗粒级攀枝花钛精矿配加部分攀枝花微细粒级钛精矿球团冶炼钛渣应用技术及攀枝花钛精矿大型电炉冶炼钛渣的挂渣层维护技术等100%攀枝花钛精矿冶炼钛渣工艺的系列关键技术。目前的工业实验证明:100%攀矿冶炼钛渣炉前吨渣电耗由原来的3000 kW·h降低到2600 kW·h左右,降幅达13%以上。

该项技术的形成,不仅形成了每年1400多万元的直接经济效益,还大大提高了我们在钛产业链上的行业竞争力,对攀西地区经济发展及国民经济的贡献不可低估。

3. 预还原钛精矿球团高效冶炼技术

近年来,攀钢加大攀枝花钛精矿冶炼钛渣技术攻关力度,并取得了一定进展,但仍存在着钛铁矿粒度过细(微细粒矿已经成为攀枝花钛精矿的主流产品,颗粒度小于0.074 mm的比例占97%以上),无法直接入炉冶炼这一重大问题需要解决。

造球可以解决矿物粒度过细这一问题,目前的造球技术有直接压球、烧结成团、预氧化球团和氧化球团四种。我们对前三种球团进行了初步的研究对比,结果表明:预还原球团技术效果最好。钛精矿直接压球虽然有效,但是成本高,球团质量不理想;烧结成团成本低,但是会带进杂质,强度也不理想;而预还原球团强度大,不仅解决了微细颗粒钛精矿的入炉困难,还可以扩大电炉生产能力、降低电耗、缩短冶炼周期、增加冶炼稳定性。

国内外针对钛渣冶炼工艺的研究认为[9-11]:采用预还原的方式(即"两步法冶炼钛渣")冶炼钛渣具有冶炼电耗低、钛渣产量大(图8)、TiO_2收率高等特点,是实现高效冶炼钛渣的有效途径。对于该工艺,国内外曾开展大量的理论和试验研究工作,取得了显著的研究进展,但目前仅有挪威的TTI公司掌握该工艺并实现工业化应用,但其技术转让价格昂贵,攀钢必须依靠自己的力量开发此技术。

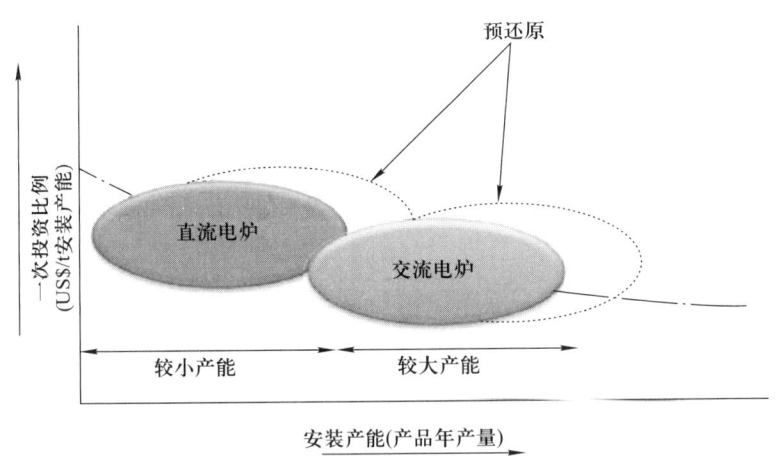

图8 预还原球团技术与钛渣冶炼产量的关系图

在理论分析和实验室研究成果的基础上,开展了钛精矿预还原冶炼钛渣试验研究工作。首先在小型试验装置上开展了攀枝花细粒级钛精矿预还原试验研究工作,考察了还原温度、时间、配碳系数等对球团金属化率的影响,得到了钛精矿预还原的基本规律。然后,投资 3000 万元优化了攀枝花钛精矿球团压制生产线,并在"10 万 t/a 钒钛资源综合利用中试线"转底炉系统上开展了钛精矿预还原工业试验,稳定生产金属化球团 2319.1 t;以转底炉生产的金属化球团为原料,在攀钢钛冶炼厂 25.5 MW·A 电炉上进行了冶炼钛渣试验,开发与金属化球团特性相匹配的冶炼操作制度,研究优化了粗矿和球团的入炉比例和入炉方式。

工业试验期间,解决了内配碳钛精矿球团粉化率高、转底炉炉底上涨严重及球团金属化率偏低的技术难题,球团的粉化率指标由 45% 左右降低至 5% 左右,球团的金属化率指标由 30% 左右提升至平均 63%,形成了金属化球团高效生产技术;开发了金属化球团冶炼钛渣加料、供电、炉压控制及出炉终点控制技术,解决了球团冶炼钛渣电耗偏高的问题,吨渣冶炼电耗由 2350 kW·h 左右降低至平均 1987.1 kW·h,形成了金属化球团大型电炉冶炼钛渣成套产业化技术。

项目实施后,使用金属化球团冶炼钛渣与粉矿直接入炉冶炼钛渣相比,钛渣冶炼周期缩短 3.13 h,单台电炉钛渣产量提升 30% 以上,钛精矿收率由 93% 左右提升至 95% 以上,年可创经济效益 2580 万元。

本研究以攀枝花微细粒级钛精矿为研究对象,开发了利用微细粒级钛精矿冶炼钛渣的成套技术,大幅提高了攀西钛资源的综合利用水平,对我国其他冶炼原料的利用,尤其是高价值细颗粒冶金原料的利用,也具有现实的指导意义。

4. 攀钢钛渣的升级技术

2008—2012 年,我国钛产业快速发展,其中,海绵钛年增长 14%,钛白粉年增长 16%。2012 年,海绵钛、氯化法钛白粉产量达 8.15 万 t 和 2.7 万 t,年用高品质富钛料约 28 万 t(包括金红石和高钛渣,$TiO_2>90\%$)。未来 5 年,海绵钛年产量将达 10 万 t,氯化法钛白粉年产能将新增 50 万 t。届时对高品质富钛料需求将达到 80 万 t/a。因此,当前国内高品质富钛料十分短缺,而现有钛渣又因品质较低无法使用。加速钛渣升级步伐,已经成为解决国内钛化工发展瓶颈的关键。

钛渣升级的技术关键包括:适合钛渣升级的品位和结构;钛渣硅含量的控制和抛尾钛渣硫酸钛白适应性;钛渣改性处理(熔盐活化改性和氧化-还原改性)工艺的优化;钛渣酸浸除杂的效率提升;盐酸再生工艺及回收铁粉利用和质量提高的优化等。

高温氧化-还原能有效地对钛渣进行活化改性处理,其工艺过程与钛铁矿的氧化-还原改性基本相同,技术简单且成熟,目前已有相关公司实现了工业化。我们处理攀枝花钛渣来制备升级钛渣的工艺为 PUS(Panzhihua upgraded slag),其制备的具体工艺流程[12]如图 9 所示。

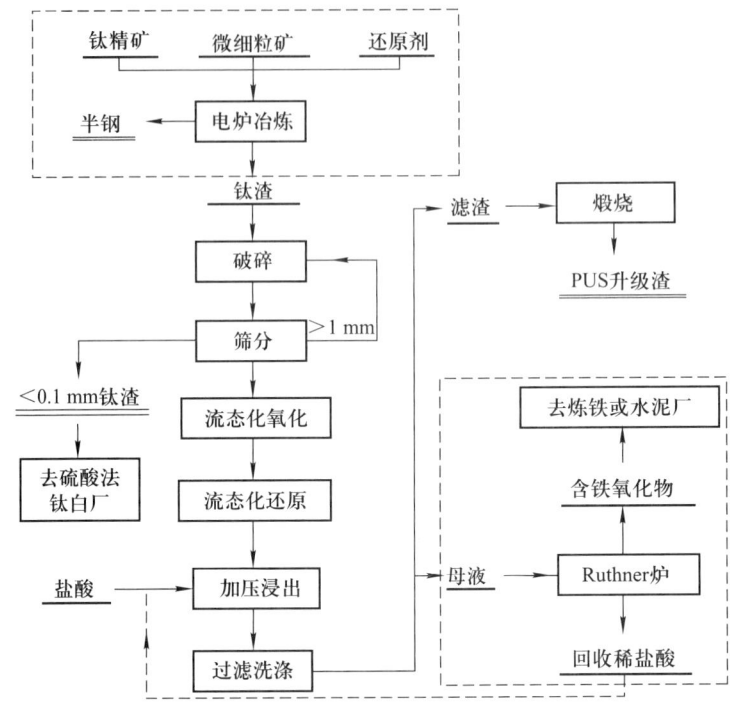

图 9 攀枝花升级钛渣工艺流程

在以钛铁矿为原料盐酸浸出法制备人造金红石的工艺研究中,鞍钢钒钛(钢铁)研究院(以下简称攀研院)积累了大量的生产研究经验,并建立了 5000 t 高品质富钛料中试线(现场如图 10 所示),成功地制备得到 90% 品位的人造金红石。目前,攀研院的科研人员已经在实验室打通了钛渣氧化-还原改性-盐酸浸出法制备高品质升级钛渣的工艺技术路线,成功制备 $TiO_2>90\%$、$CaO+MgO<1.5\%$ 的升级钛渣。下一步,攀研院准备在现有的钛精矿富钛料中试线上,开展

图 10 攀钢 5000 t/a 人造金红石中试线现场图

氧化-还原改性-(加压)盐酸浸出工艺中试规模的研究工作。

5. 攀钢钛渣冶炼技术存在的问题和发展方向

目前最先进的国外钛渣生产冶炼技术为密闭电炉连续冶炼技术，如以力拓集团钛渣冶炼的两个工厂为代表的先进矩形密闭电炉技术、以挪威廷弗斯钛铁公司(Tinfos)为代表的圆形密闭炉技术(TTI)、以南非纳马克瓦砂矿公司(Namakawa)为代表的直流密闭圆形炉技术(NSL)，其次才是以乌克兰等独联体国家为代表的圆形半密闭电炉技术。而国内早期的钛渣冶炼一直是采用低效率的敞开式冶炼技术。

随着技术进步和经济发展，国内落后的不连续、不密闭的钛渣冶炼技术方式将逐渐朝国外先进技术方向发展；以力拓集团钛渣冶炼为代表的矩形密闭电炉技术因其垄断性，传播到世界其他地方的可能性较小，而我们的25.5 MV·A电炉技术将通过攻关而逐渐走向成熟，但是从攀钢与国外钛渣冶炼技术的技术指标对比(表1)中可以看出，我国的钛渣冶炼技术与国外先进技术在规模、能耗、热效率等方面均有不小的差距，这在一定程度上，是由半密闭电炉熔炼技术本身的局限性所导致的。因此，就长期而言，该技术将逐渐被其他先进的连续密闭式冶炼技术取代。

表1 攀钢与国外钛渣冶炼电炉技术指标对比

指标	加拿大钛岩矿矩形电炉	南非钛砂矿矩形电炉	攀钢圆形电炉
电炉容量/(MV·A)	60~90	105	25
电炉数量/座	9	4	3
电炉冶炼方式	矩形,连续密闭	矩形,连续密闭	圆形,间隙半密闭
电炉炉膛面积	111 m^2	136 m^2	Φ9300 mm
电极电流/A	26 000	26 000	38 000
电极电压/V	810	1037	380
电极尺寸/mm	610	610	700
钛矿类型-品位	岩矿-36%	砂矿-47%	岩矿-47%
入炉矿预处理	回转窑焙烧-干磁选	流化床焙烧-干磁选	无
钛精矿入炉品位/%	37	49.5	47
钛渣品位/%	80~82	85.5	74
吨渣矿石消耗/(t/t)	2.17	1.87	1.67

续表

指标	加拿大钛岩矿矩形电炉	南非钛砂矿矩形电炉	攀钢圆形电炉
吨矿钛渣/%	46	54	60
理论吨矿电耗/(kW·h/kg)	0.98	1.01	1.01
实际吨矿电耗/(kW·h/kg)	1.12	1.11	1.56
实际吨渣电耗/(kW·h/t渣)	2400	2600	2600
电炉热效率/%	85~87	90	65
还原剂:钛矿配比	0.13~0.15	0.14~0.16	0.12~0.15
电极吨渣消耗/(kg/t)	15~20	18~22	15~19
吨矿钛渣粉尘量/%	2.5	2.5	>5

针对攀枝花钛渣冶炼技术的发展现状和存在问题，攀枝花未来钛渣冶炼技术的发展趋势有以下几点：① 需要从硫酸钛白、沸腾氯化、海绵钛工艺出发，全面深入优化钛渣的杂质、品位、结构和成本，普及扩大钛渣销售接受程度；② 钛渣冶炼是一个以规模定效益的产业，扩大生产规模、降低生产成本和减少污排是钛渣生产企业生存、盈利、发展的核心；③ 提高所产钛渣和纯铁价值是实现钛渣生产盈利的另一个关键步骤，钛渣升级、纯铁深加工都是行之有效的办法；④ 实现由不连续半密闭式冶炼→半连续冶炼→连续密闭式冶炼，采用预还原技术冶炼生产是降低钛渣成本的核心，是未来技术攻关的主要内容。

三、矩形密闭钛渣电炉及其冶炼工艺技术开发

矩形密闭电炉还原钛铁矿生产钛渣的电炉装备技术和冶炼工艺技术在20世纪50中期在北美洲就已经投入商业化应用。由于技术严格保密，全球迄今只有力拓集团钛渣冶炼的两个工厂采用该技术。矩形密闭钛渣电炉与圆形半密闭钛渣电炉相比，在节能方面具有明显的优势，其优势主要体现在三个方面：一是采用高电压高功率冶炼电耗低；二是电极消耗低；三是回收煤气利用。构成这些优势的原理非常简单，但是，实现这些优势的工程技术却十分复杂。三台单相变压器为6根电极供电，6根电极呈一字形排列，避免热场过分集中却又能高效快速冶炼，从而减少钛氧化物的过度还原；连续加料连续冶炼，是电耗低的主要原

因之一,但要求有适应的钛原料和还原剂作为保证;密闭冶炼可以维持稳定的还原环境,是实现稳定冶炼、减少电极氧化、降低电极消耗的根本措施;密闭冶炼同时也保证煤气可以回收利用,为采用入炉原料预氧化和预还原的前处理工艺提供了条件,是全面实现稳定的高功率低成本冶炼的基础。

攀枝花高新技术产业园区某民营企业在2011年年底建成一座30 MV·A矩形密闭钛渣电炉并于同期投入热负荷调试,自主开发矩形密闭钛渣电炉及其冶炼工艺技术,标志着国内钛产业为追赶国际领先水平迈出了实质性步伐,也是钛领域的"国家大事"。通过将近两年的电炉热负荷调试,用全攀枝花矿生产出了钛渣产品,但是,电炉输入功率和单位时间产量等技术经济指标与预期相比差距还很大,电炉和冶炼工艺两个方面都暴露出一些问题,如攀枝花矿的冶炼工艺适应性问题及炉墙和炉底保护问题等。从暴露出来的问题看,自主开发矩形密闭钛渣电炉及其冶炼工艺技术确实还任重道远。另外,通过对暴露出来的问题进行研究,加深对矩形密闭钛渣电炉及其冶炼工艺核心技术理念的认识和理解,尤其是加深对相关技术细节问题的认识和理解,对于解决这些问题无疑是非常有价值的。解决已经暴露出来的问题以及还将暴露出来的问题,使电炉能够实现真正意义上的商业化生产,从技术角度看仍然只能是一个循序渐进的过程。据悉2013年年底中止电炉热负荷调试以来,该公司为首座30 MV·A矩形密闭钛渣电炉的改造性重建做了大量的技术准备工作,预计在2015年启动对首座30 MV·A矩形密闭钛渣电炉的改造性重建。

四、结论

(1) 钛渣冶炼是攀西钛资源发展的核心;过去50年,攀枝花因钢铁而生,未来为钒钛而发,随国家强大而昌盛;

(2) 攀枝花钛渣冶炼的困难在于钛精矿原生态冶炼稳定性差、颗粒度细难入炉、泡沫渣严重、冶炼周期长、过程电耗高,我们研究开发了与之适应的技术,还需要提高;

(3) 近年来,在实现全攀枝花矿冶炼、球团冶炼、攀枝花钛精矿预还原球团冶炼和钛渣升级方面开展了一些科研攻关,但离实现更大规模的生产和取得高效低成本稳定的钛渣冶炼还有距离;

(4) 攀钢经过多年的努力,已经掌握完善了圆形半密闭钛渣电炉及其冶炼工艺技术。攀枝花高新技术产业园区民营企业自主开发矩形密闭钛渣电炉及其冶炼工艺技术,对于提升国内钛渣冶炼技术水平具有重大意义。

参考文献

[1] 谢刚,俞小花,李永刚. 有色金属矿物及其冶炼方法[M]. 北京:科学出版社,

2011: 315.
[2] 唐文骞,路利民.中国钛白粉工业生产现状及发展思路[J].无机盐工业,2009,41(10):4-7.
[3] 刘长河,张清.谈中国氯化法钛白粉工业发展的思路[J].钛工业进展,2001(4):4-9.
[4] 孙康.钛提取冶金物理化学[M].北京:冶金工业出版社,2001.
[5] 胡克俊,姚娟,锡淦.攀钢钛渣生产技术及生产发展思路[J].稀有金属快报,2008,27(3):40-43.
[6] 倪文,贾岩,郑斐.金川镍弃渣铁资源回收综合利用[J].北京科技大学学报,2010(8):975-980.
[7] 曹战民,孙根生,Richter K,等.金川镍闪速熔炼渣的物相与铜镍分布[J].北京科技大学学报,2001(4):316-319.
[8] 余伟.用钛精矿冶炼钛渣的工业试验研究[J].稀有金属与硬质合金,2004,32(4):29-30.
[9] 攀枝花资源综合利用办公室.攀枝花资源综合利用科研报告汇编——提钛工艺技术[G].1986.
[10] 林永强.攀枝花钛精矿直接还原过程的研究[J].钢铁钒钛,1983(1):61-66.
[11] 朱树民.关于降低电炉冶炼钛渣电耗的探索[J].钢铁钒钛,1988(3):27-31.
[12] 孙朝晖.流态化法制取高品质钛原料研究(鉴定材料).攀枝花钢铁有限责任公司钢铁研究院,2005.

缪辉俊 1982年本科毕业于北京钢铁学院(现北京科技大学)物理化学系,在职硕士研究生,在学期间,在国际国内学术杂志上发表论文3篇;1987年赴加拿大蒙特利尔大学冶金及材料工程系攻读博士学位,从事电冶金方面的科研,毕业之前,已在国际知名学术杂志发表论文5篇,在国际会议上发表论文5篇。1992年获得冶金工程博士学位。同年,进入全球最大的采矿冶金公司——力拓钛铁公司全球研究中心任高级研究员至1998年。期间,参加钛铁矿冶炼、钛渣品质提升深加工、钛白粉加工(硫酸法和沸腾氯化法)等众多课题研究,共撰写课题研究报告30多篇,参加钛原料新产品开放工作两项。之后,进入荷

兰皇家飞利浦公司研究中心北美研究院从事科研管理工作。2013年加入攀钢集团研究院任首席研究员,从事钛原料方面的开发研究和钛业公司钛渣生产的技术咨询和支持工作。

中国钛沸腾氯化炉大型化之路

温旺光

广州有色金属研究院

一、概述

世界上有丰富的钛资源,总储存量达 23 亿 t(以 TiO_2 计,下同)。其中,近 70% 为钛铁矿岩矿(这种矿物通常含杂质 MgO、CaO 很高),其余为钛铁矿砂矿(又称海滨砂矿)、少量天然金红石等。中国拥有极为丰富的钛资源,总储存量达 9 亿 t,占世界总储存量的近 40%,其中,攀枝花矿是世界上最大的钛铁矿岩矿,矿床储量达 8.1 亿 t;其次为承德钛铁矿岩矿;海南、广东、广西则拥有品位高,含杂质 MgO、CaO 很低的海滨砂矿,逾 3000 万 t。由于攀枝花钛铁矿以及用其生产的钛渣含 MgO+CaO 高达 5%~8%(国外钛铁矿岩矿同样含有这些杂质),在氯化过程中这些杂质生成低熔点、高沸点氯化物,在传统的有筛板沸腾氯化(沸腾氯化又称流化床氯化)炉内,它们会积累起来,并和炭粒及矿物颗粒黏结成固体结块,导致筛板上的小孔被堵塞,破坏氯化炉的流化状态,在几天甚至在几小时内被迫停炉。多年来,国内外一直把含镁、钙高的钛物料沸腾氯化视为氯化冶金一大难题,并进行了大量的试验研究。虽然近年来国外仍在继续研究,但是未见有工业生产的报道。从 1978 年开始的攀枝花钛资源综合利用国家攻关的关键就在于解决这一难题,我国采用自主研发的"无筛板沸腾氯化新技术",于 20 世纪 80 年代初成功地解决了上述难题,并推广应用到国内钛行业[1-29]。

为方便阐述问题,笔者绘制了图 1 的海绵钛与钛白生产原则流程图。从图 1 可以看出,以沸腾氯化技术为核心,形成了海绵钛和氯化法钛白等产品的产业链。$TiCl_4$ 是最重要的中间产品,2010 年其产量超过 1000 万 t(其中,900 万 t 以上用于生产氯化法钛白,约 85 万 t 用于生产海绵钛)。因此研究开发沸腾氯化技术,以及使该技术能使用各种钛原料制取 $TiCl_4$,多年来一直是国内外研究的重大课题。国外海绵钛厂和氯化法钛白厂早已普遍采用大型沸腾氯化炉生产 $TiCl_4$。2001 年中国海绵钛产量为 2000 t,仅占世界产量的 2%,由两家钛厂生产

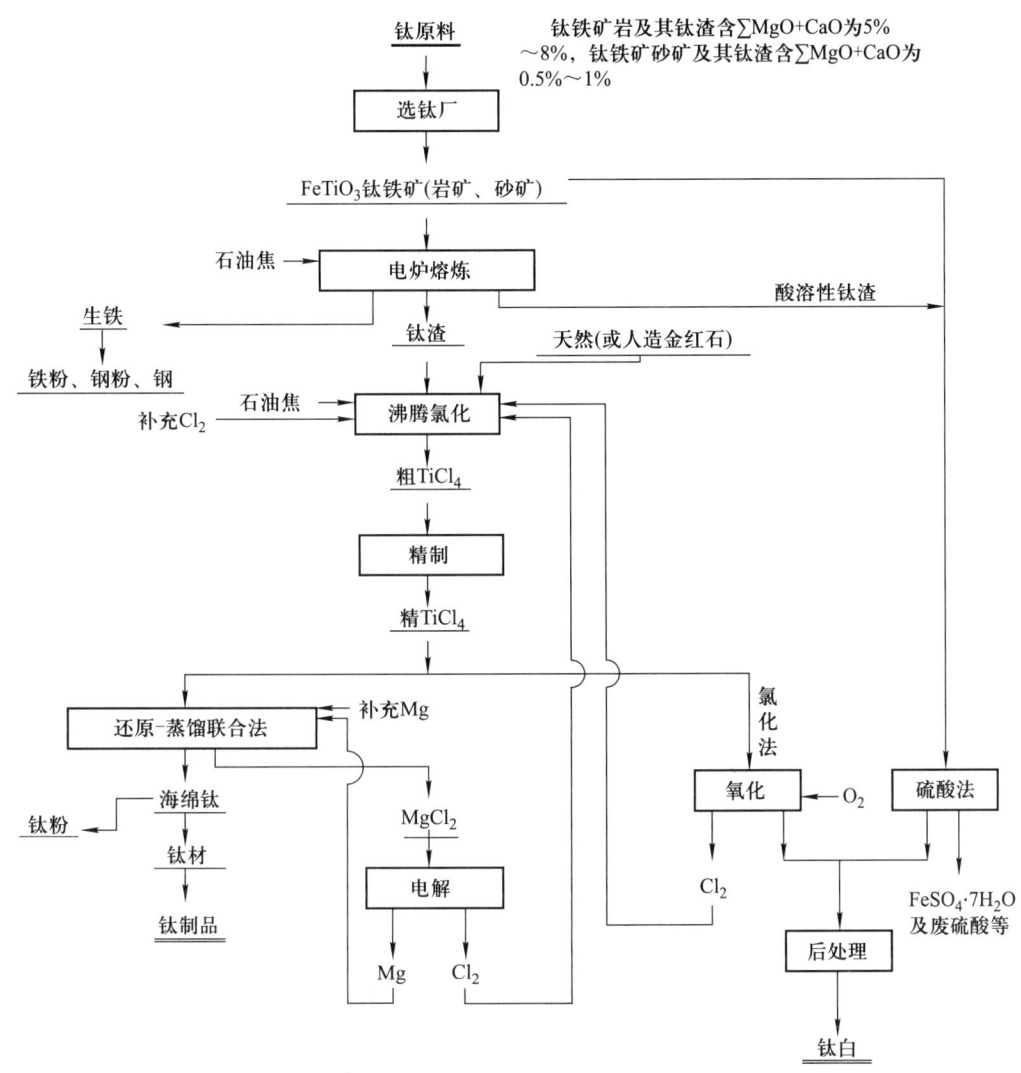

图 1 海绵钛生产与钛白生产原则流程

(表1);还有 TiCl₄ 厂家,它们主要采用直径 1~1.2 m(指内径,下同)的无筛板沸腾氯化炉。从 2005 年开始,中国海绵钛产量和钛企业数量飞速发展,2007 年中国海绵钛产量达 45 200 t,占世界总产量的 26.5%,跃居世界第一(表1);2012 年达 81 451 t,是 2001 年产量的 40 倍,占世界总产量的 36.6%,居世界第一(表2)。大小钛企业多达 13 个,由于没有及时研发大型沸腾炉,无奈之下,这些钛企业以及众多的 TiCl₄ 供货企业,只能采取"羊群战术",仍然使用直径 1~1.2 m 无筛板沸腾氯化炉。由于其炉径小、产能小,没有达到最小经济规模,已成为制约中国钛工业发展的瓶颈。因此研究开发直径 2.6 m 的大型无筛板沸腾氯化炉是一项十分重大的课题。我国钛产量已跃居世界第一,要建设万 t 级钛厂和发展氯化法钛白工业,必须研发大型沸腾氯化炉,更新换代,推动钛行业的科技进步。

表 1　世界海绵钛年产量统计　　　　　　　　　　　单位:t

公司名称	2001 年	2006 年	2007 年
美国钛金属公司(Timet)	8600	8900	12 000
美国冶联科技国际公司(ATI)	1000	3400	5100
日本东邦(TOHO)	10 800	15 000	16 000
日本住友钛公司(SiTiX)	15 000	24 000	24 000
俄罗斯阿维斯玛公司(AVISMA)	26 000	29 500	36 000
哈萨克斯坦乌斯季卡公司(UKTMK)	22 000	18 000	21 000
乌克兰扎波罗热公司(ZTMK)	6000	9000	11 000
中国	2000*	18 000	45 200
总计	91 400	125 800	170 300

* 由中国仅有的两家小钛厂——遵义钛厂及抚顺钛厂生产。

表 2　2012 年世界海绵钛产量及所占比例

	美国	日本	俄罗斯	哈萨克斯坦	乌克兰	中国	总计
产量/t	12 600	57 000	42 600	20 000	9000	81 451	222 651
比例/%	5.7	25.6	19.1	9.0	4.0	36.6	100.0

二、国外钛沸腾氯化技术概况

(一) 海绵钛企业

从表 1 可见,国外有 5 个产钛国,共计 7 家钛厂,它们都是万吨级钛厂(其中,美国冶联科技国际公司系调整后新建,2010 年产量已达 1.1 万 t)。最近 20 多年,国外钛厂总数及分布格局与表 1 基本相同。从表 1、表 2 及表 3 可见,中国的钛产量及钛企业数近几年来发生了巨大的变化,世界海绵钛生产格局为之改观。

表 3　2013 年中国海绵钛的产量

	产量/(t/a)	所占比例/%
贵州遵钛	18 420	22.7
中航唐山天赫	12 500	15.4
洛阳双瑞万基	10 000	12.3
朝阳金达	8100	10.0
宝钛华神	7511	9.2
朝阳百盛	6100	7.5
鞍山海亮	6000	7.4
攀钢钛业	3464	4.3
抚顺钛业	2895	3.6
攀枝花欣宇化工	2236	2.8
中信锦州铁合金股份	1745	2.1
宝鸡力兴钛业	1200	1.5
山西卓峰	1000	1.2
小计	81 171	100.0

1. 海绵钛企业特点

（1）各钛厂均采用克罗尔法镁还原-真空蒸馏生产流程（参见图 1）。

（2）生产规模大，镁氯循环流程封闭。钛厂都是万吨级大厂，钛厂均为钛镁联合企业，实现镁氯循环流程封闭：还原过程排出的还原产物 $MgCl_2$ 直接送往镁电解车间，电解出的镁直接送至还原炉内，氯气返回氯化炉，达到流程封闭。

（3）采用了先进的沸腾氯化技术，如还原-蒸馏联合法工艺等。

（4）各工序的单套设备实现大型化，生产过程实现机械化、自动化，采用计算机自动控制。

海绵钛生产的技术进步，使生产能力增加、产品质量提高、能耗降低、产品成本大大降低，具有很强的竞争力。

2. 海绵钛企业的沸腾氯化技术特点

从流程图 1 可见，沸腾氯化是海绵钛厂和氯化法钛白厂产业链的关键工序和通用技术，它们使用的原料都是 $TiCl_4$，因此它们的生产紧密相连，使沸腾氯化技术得以互相借鉴、共同发展。根据全球钛白和海绵钛产量的统计推算，世界上氯化法钛白厂全部采用沸腾氯化炉（它与氧化炉对接），它们生产的 $TiCl_4$ 总产量是全部海绵钛厂生产的 $TiCl_4$ 总产量的十几倍（表4）；两者使用的钛原料基本相同；由于生产流程不同，前者的氯化炉直径及产能远比后者大。它们的沸腾氯化技术特点相同，具体表现如下。

表4　全球钛白总产量及氯化法钛白所占份额

	1973年	1980年	1992年	2000年	2010年
钛白生产量/万 t	200	—	380	459	600
氯化法钛白所占份额/%	—	29	51	57	>60

（1）美国、日本四家钛厂均采用了先进的沸腾氯化技术，并实现大型化（独联体三国采用熔盐氯化，详见后文）。例如，日本住友钛公司的沸腾氯化炉直径达3 m，单炉产能达140 t/d，三台炉子，两开一备，保障1.5万 t/a 的海绵钛生产和其他钛系列产品对 $TiCl_4$ 的需要。东邦钛公司采用直径为1.9 m 的沸腾氯化炉，四台炉子，三开一备，供给1.08万 t/a 的钛厂对 $TiCl_4$ 的需要。

（2）生产过程实现机械化和自动化，广泛采用电子计算机自动控制。

（3）沸腾氯化使用的原料（含美国、日本钛厂及全球氯化法钛白厂的原料，详见"七、中国钛沸腾氯化炉大型化之路"）：

① 天然金红石：TiO_2 约95%，$\sum MgO+CaO<0.3\%$；

② 人造金红石：TiO_2 92%~96%，$\sum MgO+CaO<0.5\%$；

③ 南非钛渣：TiO_2 85%，$\sum MgO+CaO\approx 1\%$；

④ 美国杜邦公司：钛铁矿+白钛石+少量天然金红石的混合料：TiO_2 65%~70%，$\sum MgO+CaO<1\%$。

以上四种原料均要求含 $\sum MgO+CaO \leqslant 1\%$。

独联体三国海绵钛厂采用熔盐氯化炉，它在 NaCl-KCl 熔盐池中进行气-液-固三相反应。炉径为2.76 m，$TiCl_4$ 产能为120 t/d。初期使用的原料钛渣 TiO_2 含量为85%~90%，$\sum MgO+CaO<2.5\%$。由于杂质太多，后来改用高品位钛铁矿砂矿为原料（含58%~64% TiO_2），电炉熔炼生产钛渣，TiO_2 含量>90%，$\sum MgO+CaO<1\%$。尽管如此，熔盐炉排出的废盐成分复杂、难以处理，至今仍然堆弃渣场。

（二）钛白企业

钛白，又称钛白粉，其化学式为 TiO_2。它是一种优良的白色颜料，广泛应用在涂料、塑料、造纸、化纤、橡胶、日化和食品等诸多领域。它有两种生产方法：① 硫酸法，由于其工艺落后、工序多、流程长、效率低、副产物多而逐步淘汰；② 氯化法，具有技术先进、流程短、连续化、产能大、氯气可循环使用、三废少（仅为前者的十分之一）、产后质量好（为高档的金红石型，即 R 型钛白）等优点而得到快速发展，但该法技术难度大（图 1）。

硫酸法生产钛白是 1923 年和 1925 年分别在法国和美国实现工业化。1959 年美国杜邦公司开发的氯化法投产。20 世纪 80 年代，氯化法技术接近成熟，世界上最大的钛白厂家——杜邦公司全部采用氯化法生产，其属下最大的工厂规模为 30 万 t/a。

（1）硫酸法钛白企业：1980 年，硫酸法钛白产能占全球总产能的 71%，到 2010 年，已降至 40% 以下；企业生产规模为年产能几万吨至十几万吨；逐步用酸溶性钛渣取代钛铁矿为原料，以减少废料污染；环保投资已占工厂投资的一半，因而逐步由氯化法取代。

（2）氯化法钛白企业及其沸腾氯化技术特点如下。

① 钛白工业发展迅速，产量巨大。2010 年全球钛白总产量超过 600 万 t。其中，60% 以上为氯化法钛白，需 $TiCl_4$ 原料 900 万 t，均由沸腾氯化炉生产（表 4）。

② 生产规模大，技术难度大，高度垄断。2001 年，六大钛白公司产能占全球总产能（451 万 t/a）的 92%。其中，杜邦公司占 23%，年产能超过 100 万 t，全部为氯化法钛白（表 5）。

表 5 2001 年全球六大钛白公司产能所占份额

全球产能/10^6 t	各公司所占份额/%							合计
	杜邦	美联	科美基	克罗诺斯	亨兹曼	石原	其他	
4.51	23	17	16	13	13	10	8	100

③ 采用"氧化炉-沸腾氯化炉"对接的技术路线，产能大多数为 3 万~10 万 t/a。使用大型沸腾氯化炉，直径为 3.5~6 m。

④ 钛白及氯化法钛白的钛原料消耗量分别占全球总消耗量的 93.6% 及 56%；分别是钛材的消耗量的 31 倍及 18 倍（表 6）。以南非钛渣为代表的低品位钛原料及杜邦等公司钛铁矿混合料两种钛原料在氯化法钛白原料所占份额已超过 60%。

表6 2005年钛原料消耗量及所占份额

用途	消耗量/万 t TiO_2	份额/%
钛白	477	93.6
钛材	15.3	3.0
其他用途	17.2	3.4
总消耗量	509.5	100.0

美国的钛原料消耗量占全球第一位,美国钛资源中,含镁、钙的钛铁矿岩矿占70%以上。因此美国一直致力于含镁、钙高的钛物料沸腾氯化试验研究。笔者作为访问学者在美工作期间,参观了一些大学,以及矿务局下属的研究所等,他们从国家及公司等获得大量经费,坚持进行上述试验研究工作[7-8]。当年杜邦公司、矿务局下属Albany研究中心研究开发的钛铁矿直接氯化制取$TiCl_4$工艺技术在氯化法钛白工业获得广泛应用。这些值得我国借鉴。

三、中国钛沸腾氯化技术概况

(一)海绵钛企业

中国于1958年建成第一个钛厂——抚顺铝厂钛车间,1970年,第二个钛厂——遵义钛厂投产,它们均采用镁还原-真空蒸馏生产流程。1992年中国海绵钛产量为1714 t;2001年为2000 t,仅占世界总产量的2%,由仅有的两个小钛厂——遵义钛厂和抚顺钛厂生产。从2005年起,中国钛企业数和钛产量呈井喷式增长:钛企业从2家暴增至20余家,2013年剩下13家(详见表3)。另有20多家$TiCl_4$企业(主要给一些半流程钛厂供料,这是中国特有的现象)。中国钛产量2006年达18 000 t;2007年达45 200 t(表1);2013年达81 171 t,是由13家钛厂生产的(表3)。2013年中国钛企业的总产能达到15万t/a,产能大量过剩,大部分厂家存在技术缺陷,进退两难。

2004—2008年,世界经济快速增长,推动国内外钛行业快速发展,特别是使中国钛行业暴发式增长。众多中小企业、民营企业、资金雄厚的大集团公司纷纷投资海绵钛和$TiCl_4$生产企业。2009年,中国钛产能已经过剩;下半年国家启动4万亿投资计划,钛行业2010—2011年又乘机扩张,加上国际投资者的推波助澜,又导致中国新一轮的投资热。与此同时,中国海绵钛市场上演了几场惨烈的竞争,海绵钛价格最高时达到28万~30万元/t,最低时仅有4万~5万元/t,跌破成本价,如今基本上维持在6.7万元/t的成本位。最近10年中国钛行业出现两次大起大落,乱象丛生,其原因是多方面的。业界人士已有许多中肯的评述和分析[30-31]。以下笔者着重从技术角度分析中国海绵钛企业的一些问题。

海绵钛企业的特点如下。

(1) 各钛厂均采用克罗尔法镁还原-真空蒸馏生产流程(参见图1)。

(2) 生产规模小,仅有个别钛厂实现镁氯循环流程封闭。2013年中国海绵钛的产量居世界首位,是由大小十几家钛厂生产的。其中,仅有两家达到了年产5000 t钛的最小经济规模(其先决条件有二:一是镁氯循环流程封闭;二是主要工序的单套设备实现大型化),它们是近年先后引进直径2.4 m沸腾氯化炉才实现大型化,但是它必须使用进口的含$\Sigma MgO+CaO<1.5\%$的高品位人造金红石才能正常运转;另外还有一些小型的或仅有还原-蒸馏工序,却没有镁电解工序的半流程钛厂,还原工序排出的$MgCl_2$产物或堆放或贱价出售。

(3) 采用了无筛板沸腾氯化炉,它可以使用攀枝花、承德、云南及两厂矿的各种钛原料;还采用了还原-蒸馏联合法工艺。

(4) 除氯化工序外,其他主要工序已实现了大型化。1990年直径1.2 m的无筛板沸腾氯化炉试验成功,至今工业应用已有20多年的历史,可以使用国内各种钛原料是其优点;但炉径小、产能低是其缺点,没有实现大型化,不能满足5000 t级钛厂的需要,这是导致近几年钛企业畸形发展、产生诸多弊病的重要内因。

从以上分析可以看出,中国钛行业最突出的问题是没有及时果断地解决沸腾氯化炉的大型化问题,结果成为制约中国钛工业发展的瓶颈。突破这个瓶颈,对发展中国的海绵钛工业和氯化法钛白工业具有重大的意义。

(二) 钛白企业

1. 硫酸法钛白企业

迄今为止,中国氯化法钛白仍未形成产能(详见下节),因此,钛白产品都是硫酸法钛白企业生产。

中国1984年有30家小型硫酸法钛白厂,总产量为2.6万t,1998年有60多家,总产量为17万t。近10年随着国民经济快速发展,钛白工业飞速发展,据国家化工行业最新统计,2013年总产量达215万t,已跃居世界前两名。2011年中国能维持基本生产条件的规模以上55个生产商的总产量为175.5万t。其中,前三名是四川龙蟒(15.3万t/a)、山东东佳和河南佰利联。

据有关报道,截至2012年年底,我国钛白产能约300万t/a,到2015年将超过400万t/a。问题在于企业生产规模小、工艺落后、污染大,大量新增产能导致行业竞争激烈,利润下降。争取早日实现氯化法钛白工业化是根本出路。

2. 氯化法钛白企业

1967年中国开始氯化法钛白研究,1970年起,先后进行了300 t/a、500 t/a、3000 t/a高频等离子外加热系列试验;另有1000 t/a CO内热式氯化法试验,直至1986—1990年间先后因技术难度大、反应器设计以及设备材质、加热方法等问题而终止试验。30多年来,世界上氯化法技术一直掌握在少数西方发达国家的手里,实施高度垄断、严密封锁。

1989年,锦州铁合金公司采取咨询方式引进氯化法钛白技术,1993年建成了1.5万 t/a氯化法钛白生产装置,1996年中国科学院过程工程研究所加盟联合攻关。该公司采用"氧化炉-熔盐氯化炉"对接的技术路线(1999年在锦铁公司氯化法技术座谈会上,笔者及一些与会者提出氧化炉应当与沸腾氯化炉对接,但是未被接纳)。据该公司报道,经多年努力,不断开发新技术,做了大量国产化工作,产品质量接近杜邦公司R902型钛白水平。该公司20多年来,锲而不舍攻克许多技术难关,保存和发展了一批技术力量,令业界人士敬佩。但是由于技术难度太大,未能投入生产。

据网上报道,XL公司2009年从德国引进6万 t/a氯化法钛白生产线,它要求钛原料含 $\sum MgO+CaO \leqslant 1\%$,现仍在调试中。

四、无筛板沸腾氯化新技术的研究及工程化

中国从1978年起,开始了攀枝花钛资源综合利用国家科技攻关,其关键在于研发沸腾氯化这一核心技术。在1978年以前已先后进行了竖炉氯化、有筛板沸腾氯化炉选择氯化、有筛板沸腾氯化炉人造金红石氯化、低温氯化、电热式有筛板沸腾氯化和熔盐氯化等试验研究工作,1978年起纳入国家科技攻关[9-26]。

当采用传统的有筛板沸腾氯化炉氯化攀矿含有杂质MgO、CaO的钛物料时,床层内物料黏结成块,破坏流化状态,被迫停炉,使试验陷于困境。为此,1978年广州有色金属研究院研发了无筛板沸腾氯化新技术,20世纪80年代初终于解决了氯化冶金一大难题。

(一)无筛板沸腾氯化新技术的研究

对于攀矿钛渣等物料,所含的杂质MgO和CaO在900~1000 ℃的氯化温度下会分别生成低熔点、高沸点的黏性氯化物 $MgCl_2$(其熔点为714 ℃,沸点为1418 ℃)和 $CaCl_2$(其熔点为772 ℃,沸点为1800 ℃),在传统的有筛板沸腾氯化炉内,它们首先在静止区(死区)、半静止区与碳粒及矿物颗粒黏结,逐步长大成固体结块,这些固体结块会堵塞筛板的小孔,并逐步扩散,破坏氯化炉的流化状态,在几天甚至在几小时内被迫停炉。试验中经常出现如图2所示的不正常现象[9]。

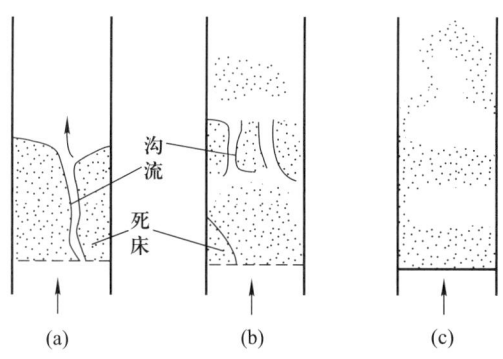

图 2　流化床的不正常现象示意图

(a)、(b) 沟流和死床；(c) 腾涌

笔者认为,钛沸腾氯化炉与工业上成熟的石油化工裂解、重整的流化床有两大不同：① 反应温度：前者为 900~1050 ℃,而后者小于 600 ℃；② 反应气氛：前者的流化剂是腐蚀性极强的氯气,而后者的流化剂是空气或氧气。因此,石油化工流化床所使用的由金属材料制成的风帽、管式分布器等气体分布器不能用于钛沸腾氯化炉,难于借鉴[32-35]。

1978 年,我院研究开发了一种新型的具有流线型的流化床——无筛板流化床。设计了用有机玻璃制成的直径 0.3 m 的无筛板流化床,进行了实验室冷态模拟试验基础研究。它除去了筛板,床内不设置任何构件,此时锥体区已成为流化床最重要部分——分布器区。在锥形床底外侧设有上、下两排喷嘴,每排按等分角线布置若干个喷嘴。水平布置的喷嘴可以防止受重力作用坠落的物料堵塞。根据我们的研究,提出图3(b)的固体流型图,固体趋向于接近器壁处向下运动,有如波浪冲击的形式,单个颗粒可做随机游动,时而沿着器壁前进,时而淹没床中。此时,固体的运动比图3(a)伸展得更远,形成流线型,直达锥体中部、底部,经中央倒转并向上运动。由图3(b)可见,它消除了固体静止区及半静止

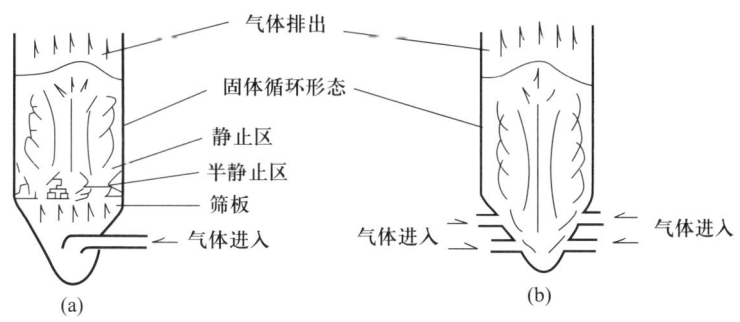

图 3　有筛板流化床和无筛板流化床的正常固体循环形态

(a) 有筛板流化床；(b) 无筛板流化床

区,并可避免筛板孔眼易于堵塞、无法疏通的弊病。与图 3 相对应绘有气体流型图,如图 4 所示。

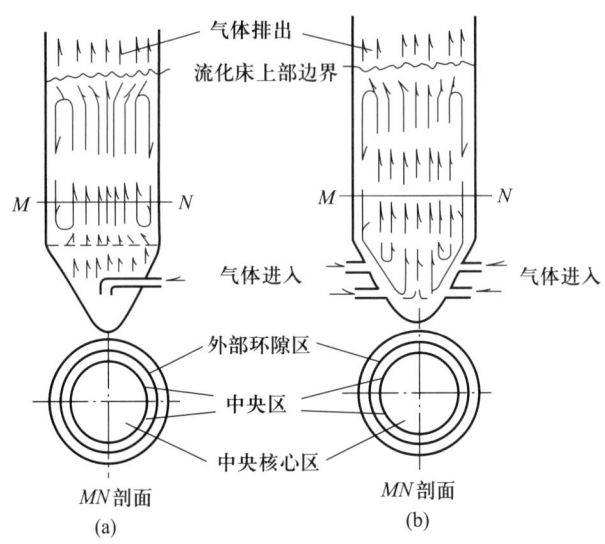

图 4 流化床中简化的气体流型示意图
(a)有筛板流化床;(b)无筛板流化床

(二)直径 0.6 m 无筛板沸腾氯化炉工业试验与应用

根据冷模试验基础研究结果,我院设计了直径 0.6 m 的无筛板沸腾氯化炉。1979 年与广东江门电化厂协作成功进行了"钛铁矿(砂矿)Φ600 无筛板沸腾氯化炉选择氯化制取人造金红石"工业试验,氯化炉连续稳定运转 93 天,直接投产[15]。1980 年 3 月攀枝花资源攻关大会上,方毅同志指名我院向大会汇报"无筛板沸腾氯化新技术"及用于攀矿钛氯化攻关的可能性。从此,拉开了采用无筛板沸腾氯化新技术,历时 10 年攀矿钛氯化攻关的序幕。

1980 年年底,我院与广东江门电化厂协作顺利完成了"攀枝花钛铁矿 Φ600 无筛板沸腾氯化炉选择氯化制取人造金红石"工业试验(表 7,No.1)。我国率先突破含高镁钙的钛物料沸腾氯化难题,攀矿钛资源攻关取得了重大进展。根据攀矿科技攻关的部署,"六五"期间,对无筛板沸腾氯化技术进行全方位的考核。如表 7 所示,使用攀矿高镁钙各种钛物料($\sum$ MgO+CaO = 5.24% ~ 8.79%),进行不同工艺以及镁电解氯气闭路循环等工业试验。要求试验必须达到连续、稳定运转 30 天以上等考核指标。1981—1985 年,我院分别与广东江门电化厂、遵义钛厂协作历时五年顺利完成了表 7 的 No.1 ~ No.5 五项工业试验,氯化炉连续稳定运转 34 ~ 61 天(至原料用完),随后投产。工业试验过程沸腾状态稳定,反应良好,排渣顺畅,取得良好技术经济效果。先后通过技术鉴定,成功地应用到工业生产。"六五"国家科技攻关总结评价指出：在技术上取得了重大突破,解决了当今氯化冶金的世界难题。

表7 攀枝花矿无筛板沸腾氯化炉工业试验项目简表

项目序号*	试验时间（年.月）	试验地点	氯化炉内径/m	氯化原料的主要化学成分(质量分数)/%							连续运转时间/天	产品名称
				TiO_2	TFe	MgO	CaO	MnO	SiO_2	Al_2O_3		
1	1980.12	江门	0.6	46.86	31.88	4.82	1.09	0.60	3.43	1.13	44	人造金红石
2	1981.7	遵义	0.6	80.10	4.46	6.60	0.88	0.20	3.17	1.17	44	$TiCl_4$
3	1982.12	遵义	0.6	80.19	3.08	7.16	1.63	1.45	4.00	2.11	61	$TiCl_4$
4	1984.2	遵义	0.6	78.28	3.81	6.81	1.30	1.08	3.08	1.68	39	$TiCl_4$
5	1985.10	遵义	0.6	83.26	2.37	4.67	0.57	1.68	2.37	1.77	34	$TiCl_4$
6	1990.9	遵义	1.2	84.86	3.19	5.38	1.33	1.30	2.33	1.54	55	$TiCl_4$

* 项目序号为下列工业试验项目与试验研究报告。

No.1：攀枝花钛铁矿 $\Phi 600$ 无筛板沸腾氯化炉选择氯化制取人造金红石。广州有色金属研究院,广东江门电化厂,1981年1月。

No.2：攀矿人造金红石 $\Phi 600$ 无筛板沸腾氯化炉氯化制取 $TiCl_4$。遵义钛厂,广州有色金属研究院,1982年2月。

No.3：攀矿钛渣无筛板沸腾氯化炉氯化制取 $TiCl_4$ 工业试验报告。遵义钛厂,广州有色金属研究院,1983年4月。

No.4：攀矿钛渣无筛板沸腾氯化炉氯化制取 $TiCl_4$ 试生产报告。遵义钛厂,广州有色金属研究院,1984年3月。

No.5：攀矿钛渣电解氯气无筛板沸腾氯化炉氯化制取 $TiCl_4$ 工业试验。遵义钛厂,广州有色金属研究院等,1985年11月。

No.6：攀矿钛渣无筛板沸腾氯化炉（$\Phi 1200$）制取 $TiCl_4$ 工艺设备研究。遵义钛厂,广州有色金属研究院等,1990年11月。

（三）"七五"国家科技攻关氯化炉大型化项目——直径1.2 m 无筛板沸腾氯化炉工业试验与应用

1986年7月27日,国家科学技术委员会、中国有色金属工业总公司等组织专家对1978年实施国家科技攻关以来的各种方案进行评议。方毅、李东英同志主持会议,把"攀矿钛渣无筛板沸腾氯化炉（$\Phi 1.2$ m）制取 $TiCl_4$ 工艺设备研究"列为"七五"仅有的一项氯化炉大型化项目。该项目包括实验室冷模与工业试验两部分,或称之为第二次工程放大。

1. 直径0.75 m 无筛板流化床冷态模拟试验的基础研究

该试验由我院负责,于1986—1987年在我院进行[24]。

1) 试验装置和物料

无筛板流化床由透明有机玻璃制成,直径为0.75 m,高2 m。流化物料为攀枝花矿人造金红石,流化介质为空气。

2) 流化质量的判别

笔者提出了一个比较正确的可定量地判别流化质量的流化指数 R 表达式[24]:

$$R = \frac{\Delta p}{f \cdot p_0} \times 10^4 \qquad (1)$$

式中,Δp 为测压点与大气之间的压强降脉动平均值,mmH_2O;f 为 10 s 内压强降波动频率;p_0 为流化点时压强降平均值,mmH_2O。

用式(1)来判别流化质量,流化指数 R 值越小,流化质量越好;反之,R 值越大,流化质量就越差。

3) 试验方法

试验确定了 6 个物理量及其边界条件:采用了 5 种锥角 α 的炉底,5 套不同孔径 D 的喷嘴,5 种静床高度 L,5 种空气流量 V 和 30 种上、下排喷嘴数的组合形式 K。这是个多因素多水平的试验。由于涉及的参数多、离散性强,为了以较少的试验次数获得最佳的技术参数,采用正交设计法安排试验。

本研究采用了 IBM 计算机、单板机、信号测算仪、图像分析系统以及摄像机等先进的仪器设备,将表达式 R 中的各个参数等有关数据、算式编成程序,把仪表与流化床联机操作,实时采集处理数据(100 次/s),使试验数据准确可靠。

4) 统计数学模型的确定

综合三次正交设计安排的约 200 次试验,经过方差分析、一元多项式回归分析等,可得 $\alpha\text{-}R$ 特定方程式:

$$R = 43.39 + 4.033\alpha - 0.1556\alpha^2 + 1.502 \times 10^{-3}\alpha^3 \qquad \alpha \in [35°, 90°] \quad (2)$$

对式(2)求 R 的最小值,解出底角 α 的最佳值为 52°。还有 $L\text{-}R$、$V\text{-}R$ 等特定方程式。

该项研究成果已于 1988 年 4 月通过部级鉴定。由国内著名的流态化专家金涌院士、陈甘棠教授等组成的鉴定组对这项数学模型研究给予很高的评价:"本试验系国内首次对内径 0.75 m 无筛板冷态流化床的流化质量进行了全面考察,研究了各因素对流化质量的影响,数据可靠,获得了较好的结果。所提出的新的流化质量指数进行判别,获得成功,具有先进性。实时测量和数据处理具有特色。试验获得了最佳参数,为今后建立工业试验装置(内径 1.2 m 氯化炉)提供了设计依据。"

根据上述数学模型研究结果,设计了直径 1.2 m 工业型无筛板沸腾氯化炉。

2. 直径 1.2 m 无筛板沸腾氯化炉工业试验

工业试验在遵义钛厂进行,钛渣原料含 TiO_2 84.86%,$\sum MgO+CaO = 6.71\%$(表 7,No.6),镁电解氯气闭路循环利用,试验从 1990 年 9 月 14 日开始,历时 55

天（随后投入生产），反应温度达 950~1050 ℃，沸腾状态稳定，反应良好，排渣顺畅，停开自如，日产 20 t TiCl$_4$，与表 7 No.1~5 试验一样，都是一次试验成功，取得了良好的效果。

"七五"国家重点科技项目攻关验收评价指出："试验结果再一次证明了无筛板沸腾氯化技术对于处理含高镁钙的攀矿钛渣是行之有效的。含 MgO、CaO 之和在 6%~9%，这样高的富钛料国外从未有过用于钛生产和沸腾氯化的先例，是我国的独创。这样的放大试验一次获得成功，为我国钛工业沸腾氯化工艺的大型化、迅速赶上世界先进水平作出了贡献。为我国今后用高镁钙钛矿生产 TiCl$_4$ 提供了一条合理的新途径，为综合利用攀枝花钛资源生产海绵钛和氯化法钛白提供了建厂条件。"[26] 直径 1.2 m 无筛板沸腾氯化炉随后推广应用到抚顺钛厂、天津化工厂以及其他 TiCl$_4$ 生产企业。据遵义钛厂撰文报道："我国研发的 Φ1.2 m 无筛板沸腾氯化炉已长期稳定地用于生产。镁电解低浓度氯气成功返回氯化炉，实现了氯的闭路循环，成功掌握了沸腾氯化的工艺和设备性能。"[36] 某厂采用这种氯化炉曾创造连续运转 14 个月和 16 个月的记录。

专家鉴定认为，我院研究开发的无筛板沸腾氯化新技术成功地解决了上述氯化冶金难题，并应用到工业上，获省科技进步奖一等奖。

从表 7 所列我院与有关厂家合作顺利完成的攀矿氯化十年攻关的六项工业试验，以及推广应用到全国钛工业 20 多年长期生产的历史，可以看出无筛板沸腾氯化炉具有如下特点：

（1）可综合利用各种钛原料——包括含镁钙杂质高的攀枝花、云南、承德矿以及海滨砂矿生产的钛渣和人造金红石等；

（2）镁电解氯气闭路循环利用，炉渣可回收利用；

（3）沸腾状态好，反应完全，可以长期连续稳定运转；

（4）无筛板沸腾氯化炉是自主研发的、具有我国自主知识产权的原创性沸腾氯化技术，为大型化奠定了基础，为我国钛工业可持续发展创造了有利条件[37-41]。

五、中国钛沸腾氯化炉大型化之路（一）

1995 年，直径 1.2 m 无筛板沸腾氯化炉已在工业上顺利应用了 5 年，笔者陪同李东英院士就攀矿钛资源利用及沸腾氯化炉大型化问题进行调研。沸腾氯化炉大型化是一项十分重要的紧迫的任务，但是鉴于各种原因，道路却是曲折的、漫长的。

2011 年出版的一本新书《钛冶炼》对当年攀矿钛渣的氯化工业试验进行了总结和评价[42]："在 20 世纪 70~80 年代，我国集中了全国的科研和生产企业，共同开发攀矿资源综合利用问题,钛的综合利用是其中的大课题。为了解决含镁钙高的富钛料流态化氯化的难题,国内进行了长期的研究。本章既是对高镁钙富钛料(钛渣)的氯化技术总结,又是对攀枝花矿钛资源的试验总结。对有筛板流化床氯化、无筛板流化床氯化、熔盐氯化和碳氮化钛低温氯化等6种氯化工艺的工业试验对比看出,无筛板流化床氯化占据了明显的优势,它已被市场选择,已选为氯化工艺的定型炉体。认为攀矿富钛料的最佳处理工艺方案是无筛板流化床氯化,至今已有工业化生产30年的历史。这是一项中国特色的新工艺。"

以下列出一些氯化炉大型化实例。

(1) 国家主管部门和全国钛应用推广领导小组于2000年7月在遵义市联合召开了"年产5000吨级海绵钛现代生产技术及装备产业化项目的专家论证会"。在某钛厂实施该项目,其中一项是研发$\Phi 2\sim 3$ m钛渣沸腾氯化炉技术。为此,该厂自己设计试验了一种$\Phi 2.4$ m沸腾氯化炉,但是没有成功。

(2) 据资料报道[43]:"国内两个钛企业先后引进$\Phi 2400$有筛板沸腾氯化炉都是使用从国外进口的人造金红石,含CaO 0.02%,MgO 0.07%;而用国产的云南产钛渣,含CaO 0.39%,MgO 1.72%,即$\sum$MgO+CaO=2.11%,进行试生产,无法稳定开车。美国美礼联公司的采购人员调研中国的钛资源后曾讲中国没有适应美礼联氯化技术的钛资源。"

(3) 个别钛企业引进了乌克兰熔盐氯化炉。

(4) 一些钛企业联系引进沸腾氯化炉。外商要求进口钛原料,含$\sum$MgO+CaO在1.5%以内。已发生一些涉外知识产权纠纷。

(5) 美国美礼联公司计划在中国建立氯化法钛白厂,要求氯化原料:$TiO_2 \geq 92\%$,$\sum$MgO+CaO<1%,其中,CaO<0.38%。

六、中国钛沸腾氯化炉大型化之路(二)

2007年某公司新建直径2.562 m有筛板沸腾氯化炉(外商原图纸为直径100 in,注:1 in=2.54 cm),试车运转几天后被迫停炉。筛板上布满了烧结块,厚达0.8~1.5 m,无法用于工业生产。笔者建议该公司采用无筛板沸腾氯化炉,并介绍了有关技术。后来双方协作,经评选、答辩,得以承担下述课题。

本节介绍"十一五"国家科技支撑计划项目课题——大型无筛板沸腾氯化工艺技术及装备研究开发(2008.6—2011.12)。

本课题由我院与该公司共同承担。课题分两部分:第一部分——实验室试验研究,由我院完成;第二部分——直径2.6 m无筛板沸腾氯化炉工业试验,由该公司与我院协作完成。

（一）实验室试验研究（2008.6—2010.12）

1. 直径 0.46 m 无筛板流化床冷态模拟试验

1）试验装置

无筛板流化床冷模试验装置流程图如图 5 所示。流化床由透明有机玻璃制成，沸腾段直径为 0.46 m，扩大段直径为 1.5 m，总高 4.2 m。备有 4 套不同孔径的喷嘴，流化介质为空气，流化物料为人造金红石。

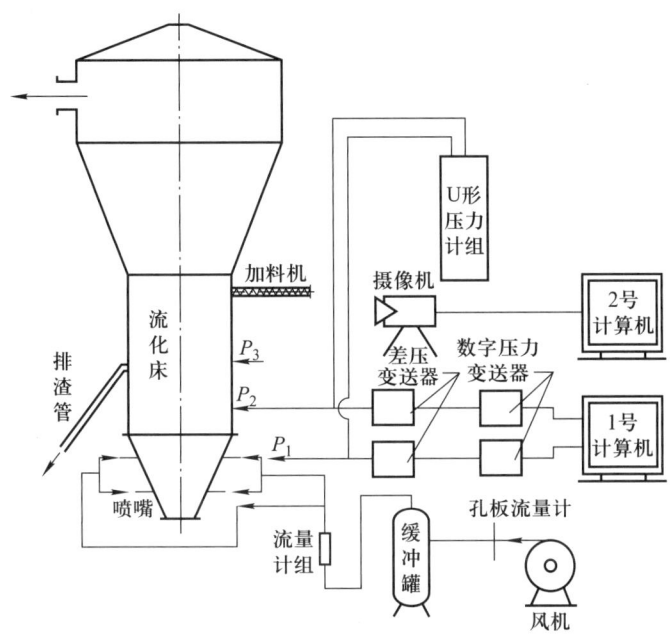

图 5　无筛板流化床冷模试验装置流程图

2）流化质量的判别

本试验采用前文介绍的流化指数 R 表达式[24]：

$$R = \frac{\Delta p \times 10^4}{f p_0} \tag{1}$$

式中，Δp 为测压点与大气之间的压强降波动平均值，Pa；f 为压强降脉动频率，次/min；p_0 为 1 min 内压强降平均值，Pa。

对于一定的流化床，流化质量属于平稳随机过程，在一定的时间间隔里，压力波动信号 $P(t)$ 及脉动频率 $f(t)$ 的统计特性具有重现性，可以作为流化质量的判据。本实验的采样时间或周期 $T=60$ s，采样速度 $v=100$ 次/s，则采样时间间隔 $\Delta t = 10$ ms，所以相应的采样次数 $N = T/\Delta t = 6000$，压力信号的波动函数为 $P(t)$，均值或数学期望为 $E[P(t)]$。

$$E[P(t)] = \frac{1}{N}\sum_N^1 P_k = \mu_p \quad (k=1,2,\cdots,N) \tag{2}$$

压力波动函数 $P(t)$ 曲线由 1 号计算机全程记录。本研究将表达式 R 的各个参数等有关数据、算式编成程序,得出专家软件包,将流化床与仪表、计算机联机操作,实时采集处理数据(100 次/s),实验数据准确可靠(参见图 5)。

1 号计算机:实时采集处理两路(测压点 P_1 及 P_2)曲线及数据(参见图 5)。

(1)第 1 路 P_1:全程记录 P_1 点的压力波动函数 $P(t)$ 曲线,得出流化床床层压力波动实录图,以及脉动个数(F)、脉动频率(f)、平均压差(ΔP)、平均压力(P)。根据需要可以改变时间段,得出新的实录图及数据群,以及显示某一时间的瞬间值,1 h 可采集储存 36 万个数据(图 6)。

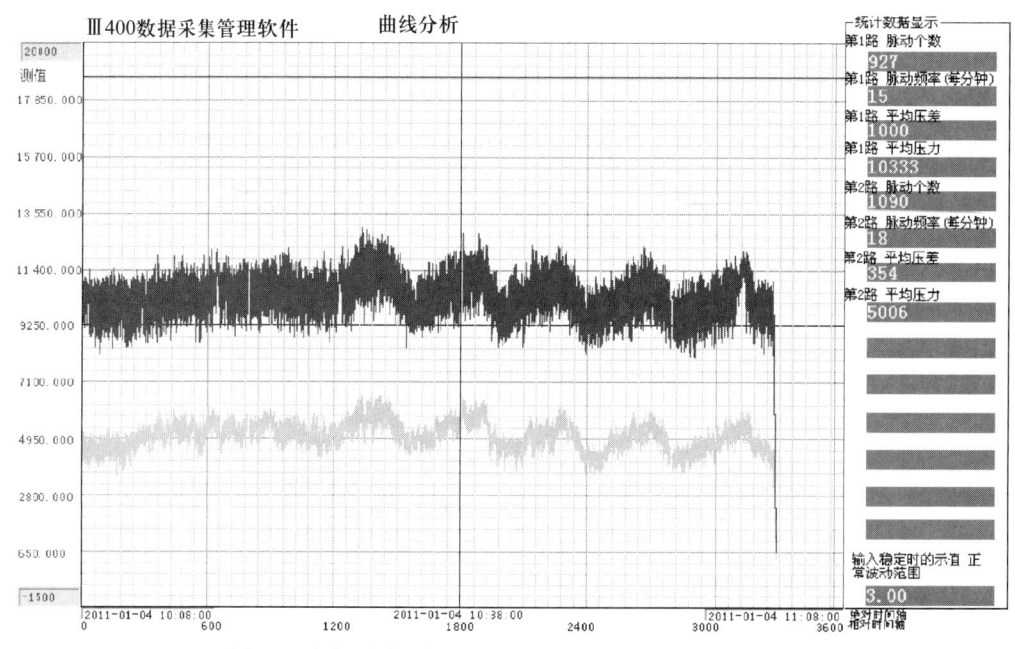

图 6　密闭式自动排渣床层压力波动信号实录图

$d_t = 27$ mm;$K = 8:6$;$w = 200$ kg;(A-30)

(2)同理可得第 2 路 P_2 曲线及数据,它与第 1 路 P_1 同时显示在实录图上(参见图 6,详见后),第 1 路、第 2 路采样速度均为 $v = 100$ 次/s。

2 号计算机:摄像机与 2 号计算机连接,图像储存于计算机。可以观察、分析流化床物料运动情况,以及系统各装置运转情况。

3)实验结果与分析

(1)临界流化速度的测定。当流化介质一定时,临界流化速度 U_{mf} 取决于颗粒的大小和性质。图 7 为试验得出的床层压降与流速的关系,得出其 $U_{mf} = 4.2$ cm/s。其余 12 次试验的 U_{mf} 值与其相同或十分接近。根据试验及我们多年的工业实践,流化数可取为 6~12,按流化数 $\lambda = U_0/U_{mf}$,得出气体的表观速度 U_0 = 25.2~50.4 cm/s。可供工业氯化炉的设计和操作参考。

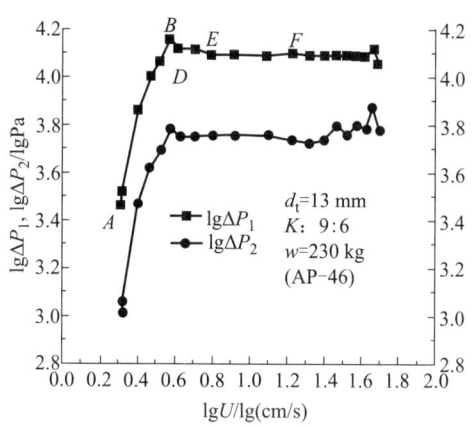

图 7　床层压降与流速的关系

U:气体表观速度;ΔP_1:测压点 P_1 压降;ΔP_2:测压点 P_2 压降;d_t:喷嘴直径;K:上、下排喷嘴数;w:床层物料量;AP-46:试验编号

(2)射流与撞击流。前已述及,为了研发大型的流化床,以流态化基础理论为前提,我们引入借鉴了射流及撞击流理论,使研究工作更有成效。本节将做简介。

a. 射流

从管口、孔口或狭缝流出的高速流体称为射流。由于脉动,周围流体将被卷入射流,相互掺混向下游流动,射流速度沿程不断扩展,速度减慢,直至射流消失。由于射流具有卷吸周围流体及颗粒的能力,并发生强烈的动量交换,使流体混合,加速反应。

笔者早期在"无筛板沸腾氯化新技术"的研究中,应用了射流理论和碰撞理论[15]。图 8 是依据文献[15]的蓝图,按 1∶1 比例制成的 CAD 图——射流的卷吸现象及速度分布图。文献[44,45]也介绍射流理论。

b. 撞击流

从动力学角度看,反应物强烈的混合、碰撞,可以改善动力学条件,加快反应速度。我们在试验研发工作中,无筛板流化床喷嘴的组合及排布方法就创造了这些条件[15-25]。用撞击流(impinging streams,IS)理论来解释阐述上述研发工作中的现象和问题是恰当的。

撞击流是通过两股气-固两相流高速相向流动撞击,在撞击瞬间达到极高的相对速度,从而极大强化相间传递。该概念由前苏联学者 Elperin 首先提出[46],以色列学者 Tamir 做了大量研究,我国近年来也进行研究和工业应用,撞击流的

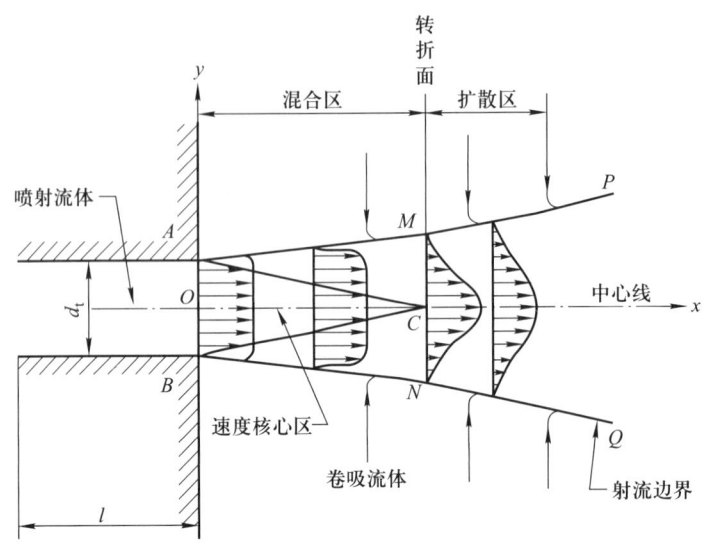

图 8　射流的卷吸现象及速度分布

基本结构和原理见图 9。

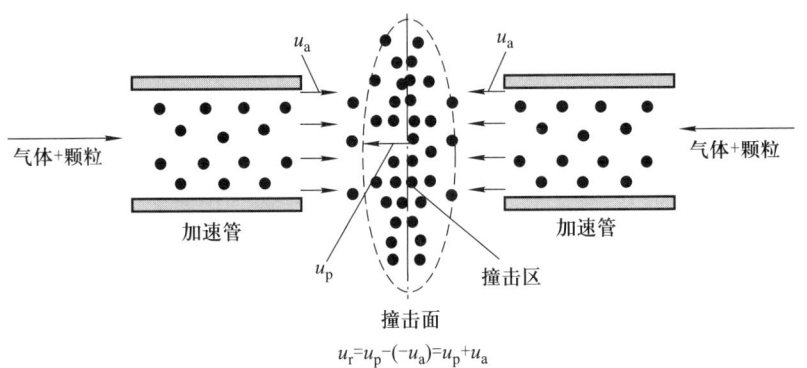

图 9　撞击流的基本结构和原理

Elperin 和 Tamir 认为,在以气体为连续相的撞击流中,相间传递采用下列因素得到强化:①颗粒与反向气流间的相对速度大幅度增大,撞击面附近该相对速度为 $u_r = u_p - (-u_a) = u_p + u_a$(图 9);②颗粒在相向气流间往复渗透延长了它们在传递活性区中的停留时间,使强化传递的条件得到延续,颗粒往复振荡运动可多达 5~8 次;③两股流体的连续相向撞击,加上颗粒的往复振荡运动,导致撞击区强烈混合,使温度和组成均化。该技术在气-固撞击流的应用中的缺陷一是在活性区中物料平均停留时间很短(约为 1 s),已反应颗粒不能循环回撞击区;二是撞击流装置的流动结构比较复杂。撞击流制取超细粉末、燃烧、干燥等方面已有应用。由于上述缺陷问题,已转向液-固流的研究和发展。但是无筛板流化床的结构可以克服上述两点缺陷,解决工程问题:一是物料可以循环回流到撞击区,继续往复振荡运动,停留时间长,有如多级撞击流,大大地强化了反应过程,获得很高的氯化率;二是气体分布器的结构简单,可长期连续运转,经久耐用,可使用一年多[图3(b)、图4(b)]。

2. 1.5 m×0.1 m 二维无筛板流化床冷态模拟试验

二维床可以观察、分析流化床内部的运动状态。二维床冷模试验装置流程图与图5相同,仅流化床改为二维床,其沸腾段为矩形,1.5 m×0.1 m,高4.2 m。主要研究射流穿透深度与气体流量、下排管和料层高度等因素的关系等[47]。

3. 发明专利——沸腾氯化炉密闭式自动排渣装置

2013年6月19日我院获得上述排渣发明专利[48]。

目前国内钛厂家普遍采用间断式人工排渣法排出氯化炉炉渣,引起氯气等大量外泄污染环境和流化质量波动等问题。此法沿用40多年,危害很大。以某厂为例,人工排渣操作过程如下:每6 h为一个周期,排渣一次,每次排出约四分之三炉渣;反应5.5 h后,停止加料、停止通氯,打开炉底排渣口,用铁钎等人工疏通排渣口,间断通氯,搅动炉渣,使之从排渣口排出,随后关闭排渣口,排渣作业约需30 min,接着继续加料、通氯,重新启动氯化炉。由上可见,排渣过程伴随有大量氯气、四氯化钛等有毒气体外泄,笼罩车间,扩散到厂内外,严重污染环境,劳动条件恶劣;另外,排渣前后沸腾氯化炉床层高度由低到高周期性大幅度变化,流化质量随之波动,使氯气利用率等显著降低。大型氯化炉人工排渣作业时间每次长达1~3 h,日产炉渣10 t左右,炉底大部分为盲区,易诱发结块,污染更加严重,无法正常运转(图10)。

图10 某钛厂氯化炉间断式人工排渣照片

根据我们的理论分析及试验,可以把上述间断式人工排渣法的操作过程用图 11 表示。从图 11 的锯齿形曲线分析其弊病。

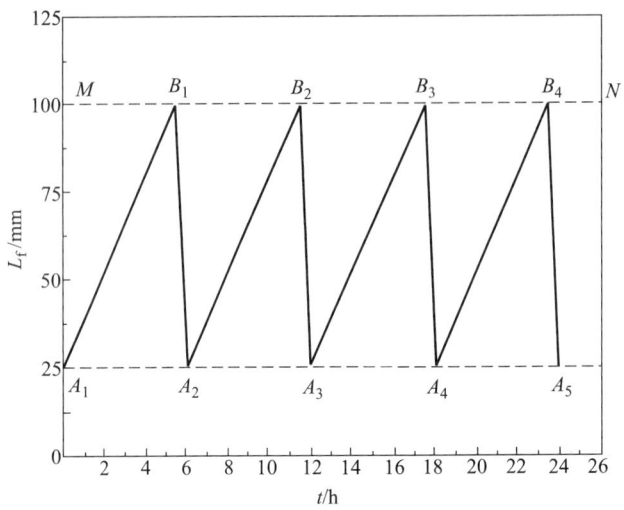

图 11 人工间断排渣法流化床层高度 L_f 随时间 t 变化示意图

用图 5 所示直径 0.46 m 无筛板流化床进行了间断式人工排渣法冷态模拟试验,获得的床层流化指数与时间的关系曲线如图 12 所示。该图为一个排渣周期的曲线,从该图可以看出,曲线前半段,不均匀度 $\delta(u)$ 很大,因为料层很薄,气体短路,流化质量差;当 $t=23$ min,即半个周期左右,料层达到一定高度时,流化质量才恢复正常。床层高度由低到高周期性变化,导致流化质量周期性波动。

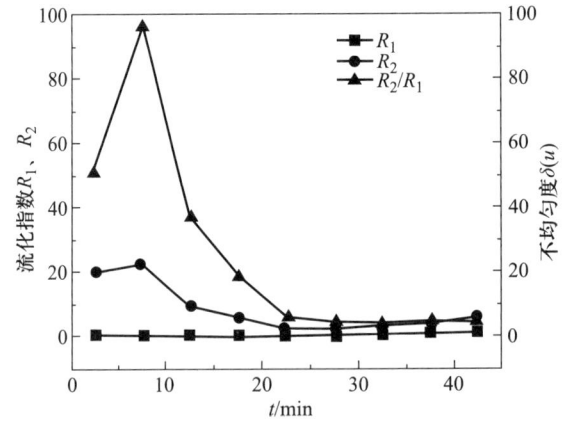

图 12 间断式人工排渣法床层流化指数与时间的关系

本研究用直径 0.46 m 流化床进行了密闭式自动排渣装置冷态模拟试验,获得流化床床层压力波动信号实录图(图 6)。根据该图绘制出密闭式自动排渣床层压降与时间关系图(图 13)。发明专利的沸腾氯化炉密闭式自动排渣装置如

图 14 所示。

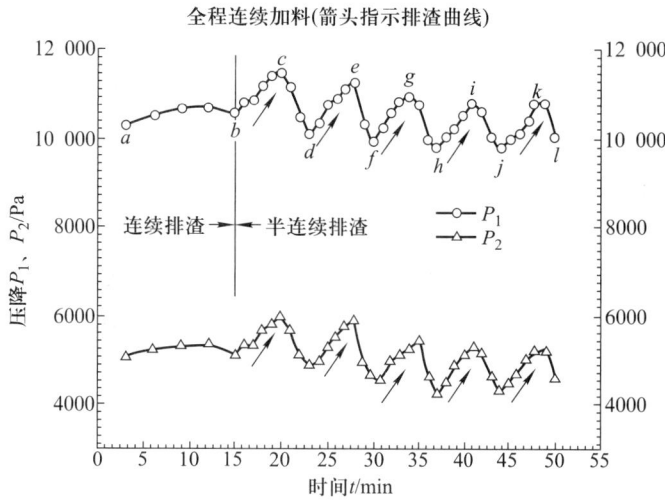

图 13 密闭式连续与半连续自动排渣床层压降与时间关系

$d_t = 27$ mm; $K = 8:6$; $w = 200$ kg; (A-30)

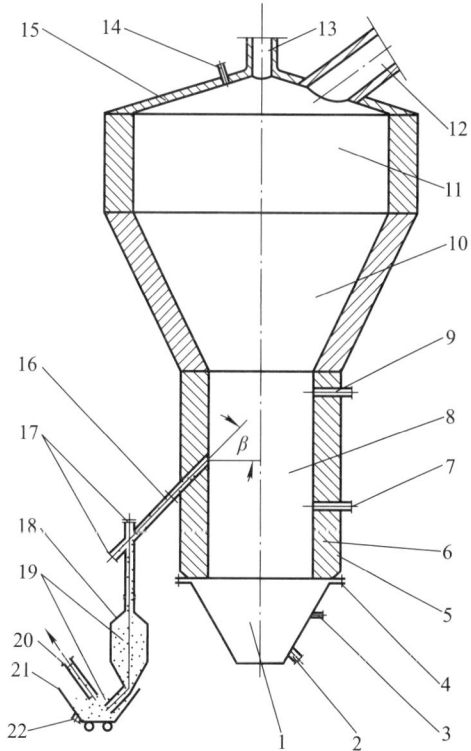

图 14 密闭式自动排渣床层压力波动信号及曲线图

1. 炉底; 2. 备用渣口; 3. 氯气管; 4. 法兰; 5. 钢板; 6. 耐火砖; 7. 测温管; 8. 沸腾段; 9. 加料口; 10. 过渡段; 11. 扩大段; 12. 炉气出口; 13. 人孔; 14. 测温管; 15. 炉盖; 16. 排渣管; 17. 检查口; 18. 渣罐; 19. 炉渣; 20. 吸管; 21. 储渣斗; 22. 渣口

本发明是利用沸腾氯化炉内床层高度与物料量、床层压差成正比,以及自动溢流原理,使该排渣装置能够实现密闭式自动溢流连续排渣,不需要停氯、停加料,生产全过程沸腾氯化炉床层高度自动保持稳定,获得稳定良好的流化质量,显著提高氯气利用率及产量等技术经济指标,并通过渣罐内的炉渣及储渣斗内的炉渣构成两道料封,氯气不会外泄,从根本上解决了环境污染问题,改善了劳动条件。根据上述课题的论证报告及合同规定,我院负责实验室基础试验研究;设计直径2.6 m无筛板沸腾氯化炉气体分布器,并提供施工图,以及提供炉体结构主要参数、工艺技术条件等;与某公司共同进行直径2.6 m无筛板沸腾氯化炉工业试验。

(二)直径2.6 m无筛板沸腾氯化炉工业试验

工业试验在FT公司进行。据该项目验收报告介绍,工业试验要求原料钛渣$TiO_2 \geq 90\%$,$\sum MgO+CaO \leq 3\%$,$MgO \leq 2.5\%$等。日产90 t $TiCl_4$,人工排渣……

上述试验要求钛渣$\sum MgO+CaO \leq 3\%$。但是,攀矿钛渣含$\sum MgO+CaO = 6.71\%$,是其两倍多(表7,No.6);承德矿钛渣和云南富民钛渣(含$\sum MgO+CaO$相应为4.25%和3.61%,见表8)也超过3%,换句话说,它不能够综合利用这三大矿区的钛资源;另外,如此大型氯化炉仍然采用人工排料,严重污染环境,无法正常运转……遗憾的是耽误了实施项目时间。

七、中国钛沸腾氯化炉大型化之路(三)

本节标题所提出的问题,其实远在15年前国家计划委员会、全国钛办的署名文章《关于年产5000吨级海绵钛现代生产技术及装备产业化项目的推荐意见》已从战略层面做了全面的分析。该文于2001年在《钛工业进展》杂志上公开发表指出:"我国已基本掌握独特的、适合中国资源的$\varPhi 1.2$ m钛渣沸腾氯化炉技术。研究开发适合大工业产业化的$\varPhi 2 \sim 3$ m钛渣沸腾氯化炉技术和$8 \sim 10$ t还原蒸馏联合炉技术,全面提高海绵钛的经济指标……该项目中所拟研制开发的$\varPhi 2 \sim 3$ m钛渣沸腾氯化炉技术和$8 \sim 10$ t还原蒸馏联合炉技术,对充分利用我国攀西地区的钛资源,建设万吨级海绵钛大厂,特别是对氯化法钛白的关键技术——大型沸腾氯化技术都有很好的示范作用。上该项目对促进我国西部开发、对促进我国钛工业的长期稳定发展,促进军工及相应重要工业部门的发展都有十分重要的作用。"[49]

2000年这一重大项目在遵义钛厂实施。该厂自己设计、试验了一种$\varPhi 2.4$ m沸腾氯化炉,但是没有成功。此外,FT公司的沸腾氯化炉也存在诸多问题[见六、(二)]。显然,研发$\varPhi 2 \sim 3$ m钛渣沸腾氯化炉技术这一重大任务并没有完成,这是必须解决的重大问题。

(一)攀矿钛渣可以用作钛沸腾氯化原料

(1)从攀枝花钛资源攻关,多年来无筛板沸腾氯化炉的工程放大及工业应用成功的实例,以及我院近年来完成的"大型无筛板流化床冷态模拟试验研究"{见六、(一),文献[47,48]},目前有基础的、比较现实的是研发大型无筛板沸腾氯化炉。

(2)攀矿钛渣品位问题,它含TiO_2在85%左右,其TiO_2品位与南非RBM钛渣相近;但是比杜邦公司钛铁矿混合料的品位高(表8),显然攀矿钛渣也可以用作钛沸腾氯化原料。从20世纪80年代起,由于天然金红石储量日趋枯竭,人造金红石生产流程长,环保压力大,价格昂贵,以及氯化法钛白迅速发展等原因,国外的钛原料已向低品位化实行战略转移。笔者在表8列举了国内外不同矿源钛原料,以资对比。

表8 国内外用于沸腾氯化的低品位原料化学组成(质量分数) 单位:%

原料*	TiO_2	TFe	MgO	CaO	MnO	SiO_2	Al_2O_3	ΣMgO+CaO
攀矿钛渣	84.9	3.19	5.38	1.33	1.30	2.33	1.54	6.71
承德矿钛渣	88.0	2.33	2.78	1.47	1.38	2.23	2.23	4.25
云南富民矿钛渣	89.1	2.10	3.20	0.41	0.85	1.02	0.45	3.61
南非RBM钛渣	85.5	7.31	0.90	0.14	1.40	1.50	2.00	1.04
杜邦钛铁矿混合料	64.0	21.6	0.35	0.13	1.35	0.30	1.50	0.48

* 钛铁矿化学式为$FeTiO_3$,理论上含TiO_2 52.66%、FeO 47.34%。

根据表8及前述有关资料可以看出:

(1)南非RBM钛渣:加拿大QIT公司是世界上最大的(原生矿)酸溶性钛渣生产商。该公司于20世纪80年代就进行战略转移,与南非RBM公司合资,采用QIT技术生产含TiO_2 85%的著名的RBM氯化法钛渣,副产品生铁售给钢铁公司,经济效果很好,现在已是年产百万吨的大公司。其他一些公司相继生产同类产品。

(2)美国杜邦公司是全球最大的钛白粉公司,下属公司全部采用氯化法,年产量在100万t以上。该公司从20世纪70年代就采用直接氯化钛铁矿与金红石的混合料(含TiO_2 65%~70%)生产$TiCl_4$,$TiCl_4$成本可降低30%以上,具有很强的竞争力,至今已有40年历史。美国NL公司等也先后研发采用此流程。

（3）RBM 钛渣和杜邦钛铁矿混合料两种钛原料，要求 $\sum$ MgO+CaO<1% 或 1.5%（各公司标准不同，表8），防止床层物料结块，保持沸腾氯化炉正常运转。这两种钛原料产量已占世界用于沸腾氯化钛原料的 60% 以上。攀矿钛渣含 $\sum$ MgO+CaO 达 6.71%，中国自主研发的无筛板沸腾氯化炉解决了含杂质镁钙高的钛物料沸腾氯化这一世界氯化冶金难题，并进行了工业生产。显然攀矿钛渣以及承德钛渣和富民钛渣也是合适的沸腾氯化原料（表8），最近十几年它们被大量使用在钛沸腾氯化生产上。

（二）钛厂家及氯化法钛白厂家对 $TiCl_4$ 的需求量

1. 钛厂家对 $TiCl_4$ 的需求量

最近三年中国海绵钛平均年产量为 10 万 t，需要 50 万 t $TiCl_4$ 原料（表9）。以一个产量为 1 万 t/a 的钛厂为例，需 $TiCl_4$ 5 万 t/a。采用直径 2.6 m 无筛板沸腾氯化炉（炉高 15 m，重约 300 t），单炉产能 100~120 t/d，三台炉子，工作制度为两开一备，可以保障 1 万 t/a 海绵钛生产和其他钛系列产品（或外卖）对 $TiCl_4$ 的需要（假如采用直径 1.2 m 氯化炉，产能为 20 t/d，炉子台数将是上述台数的 5 倍）。同时，氯化炉将采用我院的发明专利"沸腾氯化炉密闭式自动排渣装置"等技术（详见后文）。大型化的好处是大大减少氯化炉台数，节省基建和设备投资，运行和管理费用大大降低，自动排渣装置从根本上解决环境污染问题，改善劳动条件，更加强化反应过程，获得更好的技术经济效果。我国钛工业形势将为之改观，并为氯化法钛白开发更大型沸腾氯化炉奠定基础。

根据表9中的数据，年产 10 万 t 海绵钛，需 50 万 t $TiCl_4$，$TiCl_4$ 价格按 7000 元/t 计，$TiCl_4$ 的年产值将达 35 亿元，蕴含着巨大的商机。其关键在于研发大型沸腾氯化炉。

表9 生产海绵钛或氯化法钛白产品对原料或中间产品的需求量*

单位：万 t/a

	钛铁矿	钛渣	$TiCl_4$	产品
海绵钛	50	25	50	10,钛
氯化法钛白	250	125	250	100,钛白

*根据生产厂家的单耗指标计算。

2. 今后氯化法钛白厂家对 $TiCl_4$ 的需求量

前文已经指出，中国氯化法钛白仍未形成产能，钛白产品都是硫酸法钛白企业生产。2013年中国钛白总产量为215万t,以下假设一部分由氯化法钛白企业生产,可以得出一套数据供规划参考。

首先,必须研发掌握大型沸腾氯化炉技术,并与氧化炉对接,才能实现氯化法钛白生产。例如,1.5万t/a的氯化法钛白生产线,可实施直径2.6 m无筛板沸腾氯化炉与氧化炉对接。

其次,假设年产100万t氯化法钛白:需钛铁矿原料250万t/a→经电炉熔炼制取钛渣125万t/a→再经沸腾氯化制取$TiCl_4$ 250万t/a→氧化炉制取钛白100万t/a(参见表9)。年需250万t $TiCl_4$,其年产值将达175亿元,更是一个巨大的市场。

氯化法钛白技术,是一项重大的系统工程,必须给予高度重视,立专项进行研究开发。

(三) 直径2.6 m大型无筛板沸腾氯化炉制取$TiCl_4$关键技术

我院从1978年研究开发无筛板沸腾氯化新技术,直至1990年,历经两次实验室基础研究、工程放大及成功应用到工业生产;2008—2010年完成"大型无筛板流化床冷态模拟试验研究"[47-48],进行了多年技术准备。我院可提供第三次工程放大——"直径2.6 m大型无筛板沸腾氯化炉制取$TiCl_4$",关键技术如下:

(1) 根据基础研究、数模研究等,设计氯化炉气体分布器,提供施工图;

(2) 提供氯化炉炉体结构主要参数;

(3) 根据我院发明专利——"沸腾氯化炉密闭式自动排渣装置"[48],提供施工图;

(4) 可以使用国产的攀枝花矿、承德矿及富民矿钛渣等钛原料,把中国的资源优势变成工业优势;

(5) 大量使用攀矿钛渣原料等工艺技术;

(6) 本氯化炉已用于中国海绵钛厂,实现镁氯循环流程封闭,今后也可用于氯化法钛白的生产中,实施"氧化炉-无筛板沸腾氯化炉"对接,实现氯气循环流程封闭;

(7) 氯化炉日产$TiCl_4$ 100~120 t,基于采取上述气体分布器及自动排渣装置等关键技术,从根本上解决环境污染问题,改善劳动条件,并获得稳定良好的流化质量,强化反应过程,获得更好的技术经济指标。

试验表明,无筛板沸腾氯化炉可用以氯化钛铁矿混合料制取$TiCl_4$,可以大幅度降低成本。今后适当时机应进行研发。

无筛板沸腾氯化炉是自主研发的,具有中国自主知识产权的原创性沸腾氯化技术。实现大型化、更新换代,推动钛行业的科技进步,综合利用攀枝花等国产钛资源,把资源优势变成工业优势,将使钛工业格局为之改观,为中国钛工业可持续发展创造有利条件。

上述关键技术可用于海绵钛厂或 TiCl₄ 专业生产厂家,今后可用于氯化法钛白企业。我院愿与投资协作单位共同实现这一项目,达到合作共赢。

参考文献

[1] J Mining Inst[J].Jap.1955,71(8).

[2] Беляева А И,Основ К С,Металлургия Том 3. Легкие Металлы[J].1963.

[3] U.S.Patent 2701180.

[4] Lakshmanan C M,Hoelscher H E,et al.The knetics of ilmenite beneficiation in a fluidised chlorinator[J].Chem Eng Science,1965,20:1107-1113.

[5] Зеликман А Н, Меерсон Г А.Металлургия редких металлов[M].1973.

[6] Fuwa A,Kimura E,et al.Kinetics of iron chiorinnation of roasted ilmenite ore,Fe₂TiO₅ in a fiuidized-bed reactor[J].Metallurgical Transactions B,1987,9B(12):643-651.

[7] Elger G W,Wright J B,et al.Producing chlorination-grade feedstock from domestic ilmenite -laboratory and pilot plant studies[J].U.S.Bureau of Mines,1986,Report of Investigations,RI 9002.

[8] Rhee Kang-In.Selective chlorination of iron from low grade titanium ore in a fluidized bed reactor[D].Doctoral Dissertation.University of Utah,U.S.A.July,1988.

[9] 重庆天原化工厂,北京有色金属研究院,等.攀枝花钛铁矿选择氯化法制取人造金红石工业试验[R].1977.

[10] 遵义钛厂,北京有色金属研究院,等.攀矿钛渣竖炉氯化制取 TiCl₄ 工业试验[R].1979.

[11] 天津化工厂,北京有色金属研究院,等.攀枝花钛铁矿沸腾氯化制取四氯化钛工业试验[R].1980.

[12] 碳氮氧化钛低温沸腾氯化生产四氯化钛半工业试验报告[R].1979.

[13] 锦州铁合金厂,长沙矿冶研究所,等.高钙镁钛渣熔盐氯化工业试验报告(Φ1000 毫米熔盐氯化炉)[R].1982.

[14] 广州有色金属研究院氯化冶金组.钛铁矿选择氯化制取人造金红石的研究[J].金属学报,1977,13(3):163-168.

[15] 温旺光.无筛板沸腾氯化新技术的研究[R].广州有色金属研究院,1980.

[16] 广州有色金属研究院,广东江门电化厂.攀枝花钛铁矿 Φ600 无筛板沸腾炉选择氯化制取人造金红石[R].1981.

[17] 遵义钛厂,广州有色金属研究院.攀矿人造金红石 Φ600 无筛板沸腾炉氯化制取四氯化钛[R].1982.

[18] 温旺光,钟法宝,等. 无筛板沸腾氯化攀枝花矿高钛渣制取四氯化钛[J].钢铁钒钛,1982(4):28-34.

[19] 温旺光.钛铁矿选择氯化法制取人造金红石的热力学与动力学[J]. 钢铁钒钛,2003,24

(1):8-15.

[20] 温旺光,林激扬.攀矿人造金红石无筛板沸腾氯化制取四氯化钛[J].稀有金属,1983(1):10-15.

[21] 遵义钛厂,广州有色金属研究院.攀矿钛渣无筛板沸腾氯化制取四氯化钛工业试验报告[R].1983.

[22] 遵义钛厂,广州有色金属研究院.攀矿钛渣电解氯气无筛板沸腾氯化制取四氯化钛工业试验[R].1985.

[23] Huang Q Y, Wen W G, et al.Fluidized bed chlorination of titanium raw meterials containing high magnesium and calcium from Panzhihua Mine[C]//W-Ti-Re-Sb'88, Proceedings of the First International Conference on the Metallurgy and Meterials Science of Tungsten, Titanium, Rare Earths and Antimony.Changsha, China,1988,1:288-292.

[24] 广州有色金属研究院,遵义钛厂,等.无筛板流化床冷模试验的基础研究[R].1988.

[25] 遵义钛厂,广州有色金属研究院,等.攀矿钛渣无筛板沸腾氯化炉(Φ1200毫米)制取$TiCl_4$工艺设备研究工业试验报告[R].1990.

[26] 中国有色金属工业总公司."七五"国家重点科技项目(攻关)计划专题验收评价报告[M].专题编号:75-30-01-05.1991.

[27] 莫畏,邓国珠,等.钛冶金[M].北京:冶金工业出版社,1998:243-246.

[28] 《有色金属提取冶金手册》编辑委员会.有色金属提取冶金手册 稀有高熔点金属(上)(W、Mo、Re、Ti)[M].北京:冶金工业出版社,1999:510-512.

[29] Wen W G. Study on mathematical modelling of fluidized bed without perforated-plate for producing $TiCl_4$ and its industrial applications[C]//Titanium 99, Science and Technology, Proceedings of the Ninth World Conference on Titanium. Saint-petersburg, Russia, 7-11 June,1999, 3:1300-1305.

[30] 王向东,逯福生,等.2010年的中国钛工业[J].钛工业进展,2010,27(5):1-5.

[31] 王向东,逯福生,等.2013年的中国钛工业发展报告[J].钛工业进展,2014,31(3):1-7.

[32] Kunii Daizo, Levenspiel O. Fluidization Engineering[M].New York:John Wiley&Sons,1969.

[33] 陈甘堂,梁玉衡.化学反应技术基础[M].北京:科学出版社,1981:398.

[34] Davidson J F, Harrison D. Fluidization[M]. London and New York:Academic Press,1971:837.

[35] Bisio A, Kabel R L. Scale up of chemical processes-conversion from laboratory scale tests to successful commercial size design[M]. New York,1985.

[36] 梁德忠.我国海绵钛生产现状及发展方向[J].钛工业进展,2002(1):1-5.

[37] 攀枝花钛及全国钛科技协作组.有色金属进展[M].下篇,第二分册,钛.中国有色金属工业总公司,1984.

[38] 温旺光.有色金属进展[M].第5卷 稀有金属与贵金属.第二册 钛.长沙:中南工业大学出版社,1995.

[39] 广州有色金属研究院.回收遵义钛厂攀矿氯化炉渣中金红石和石油焦的选矿研究[R].1985.
[40] 温旺光.无筛板流化床数学模型研究及其工业应用[J].广东有色金属学报,1999,9(1):19-24.
[41] 熊丙昆,温旺光,等.锆冶金[M].北京:冶金工业出版社,2002:221-222.
[42] 莫畏,董鸿超,吴享南.钛冶炼[M].北京:冶金工业出版社,2011:75-95.
[43] 刘长河.钛氯化原料的选择[R].中信锦州金属股份公司,2011.
[44] 陈甘棠,王樟茂.流态化技术的理论和应用[M].北京:中国石化出版社,1996.
[45] 郭慕孙,李洪钟.流态化手册[M].北京:化学工业出版社,2007.
[46] Elperin I T. Transport processes in opposing jets (gas suspension) [M]. Minsk: Science and Technol Press, 1972.
[47] 温旺光,王英,等.大型无筛板流化床冷态模拟试验研究[R].广州有色金属研究院,2011.
[48] 温旺光,王英,等.沸腾氯化炉密闭自动排渣装置:中国,ZL201110183460.9[P].2011-11-02.
[49] 王向东,徐彦儒.关于年产5000吨级海绵钛现代生产技术及装备产业化项目的推荐意见[J].钛工业进展,2001(4):1-3.

温旺光 教授级高工。主持钛沸腾氯化研究工作30多年(其中,1987—1990年作为高级访问学者在美国University of Utah 工作)。率先开拓"无筛板沸腾氯化新技术",解决了攀枝花钛资源"含杂质镁钙高的钛物料沸腾氯化"这一世界氯化冶金难题。先后获得省部级科技进步奖一等奖、二等奖多项。国务院政府特殊津贴获得者。近年完成"大型无筛板流化床冷态模拟试验研究",采用流化床与计算机联机操作,实时采集处理数据,其中"沸腾氯化炉密闭式自动排渣装置"于2011年获得中国发明专利。以上研究结果可用于开发直径2.6 m无筛板沸腾氯化炉,应用于万吨级海绵钛厂及1.5万t/a级氯化法钛白厂。

铝热还原直接制备钛基合金

张廷安　豆志河

东北大学多金属共生矿生态化冶金教育部重点实验室

摘要:现有的钛材利用流程存在着生产流程长、能耗高、污染严重等缺陷,已成为限制其应用推广的技术瓶颈。因此,开发低成本清洁生产技术,从根本上解决海绵钛高生产成本问题。本文系统介绍了近年来熔盐电解、金属热还原法制备金属钛的研究进展,重点系统介绍了东北大学发明的以钛氧化物(或钛氧化矿)为原料,分步深度金属热还原直接制备低氧高纯钛基合金的新方法及最新研究成果。东北大学以钛氧化物(高钛渣或金红石)为原料,采用新型铝热还原成功制备出钛基合金(高钛铁、钛铝),所制备的高钛铁中氧含量仅为 0.23%;制备的钛铝合金中氧含量小于 0.20%,氮含量小于 300 ppm。该研究成果打破了多年来研究者一致认为金属热法无法直接制备低氧钛基合金的观点,为实现我国短流程清洁钛冶炼提供了试验和理论依据。

关键词:铝热还原;钛基合金;低氧高钛铁;钛铝合金;直接制备

一、引言

钛是金属材料王国中"全能的金属"、"海洋金属"、"太空金属",从工业价值、资源寿命和发展前景来看,钛被视为继铁、铝之后处于发展中的"第三金属"和"战略金属"。美国、日本、俄罗斯以及中国等许多钛工业大国都高度重视钛合金的发展,其已被广泛应用在航空航天、舰船、军工、冶金、化工、海水淡化、轻工、环境保护、医疗器械等领域,在国民经济发展和国防中占有重要战略地位和作用。从某种意义上讲,钛及钛合金的应用水平标志着一个国家的现代化水平,尤其是一个国家的军事、国防的科技水平。1954 年美国成功研制出第一个实用钛合金 Ti-6Al-4V。美国在高强钛合金、钛铝中间合金、钛基和钛铝基复合材料及其相关的高新技术研究和应用方面都遥遥领先。除航空领域外,美国也将钛用在海洋开发、地热发电以及制作放射性废物处理的容器等方面。目前,美国航空航天、军工领域的用钛量最大,自 20 世纪 80 年代后,各种先进战机和轰炸机中钛及其合金的用量已稳定在 20%以上。日本除了继续开拓钛在航空工业的应用外,仍以民用为主,而俄罗斯则以提高结构钛合金材料强度、改善加工性能、提高使用温度及改善熔炼技术为重点。我国钛产品80%以上用于石油、化工等民用工业。目前,钛工业发展中呈现出许多技术上的创新,其中工艺性创新较成分创新多,体现在阻燃钛合金、钛基复合材料、纤维/钛层板等研发方面。但实际上钛资源的90%以上都用于生产钛白粉,而金属钛则始终未能得到大规模应用。2012年,世界海绵钛产量虽已突破20万t,但仍远远低于同期铁、铝、铜等常用金属的产量,主要是由于钛在高温下性质活泼,提炼困难所致,因而钛至今仍被列为稀有金属。

钛与氧的结合力极强,难以直接还原,因此以$TiCl_4$为原料制备金属钛一直是钛工业的主流[1]。即由钛矿/高钛渣→四氯化钛→海绵钛→钛材,该流程存在着流程长、污染大、能耗高、生产成本高等缺陷,严重限制了钛合金的应用。Kroll法是一种镁热还原$TiCl_4$制备金属钛的方法,自其1937年问世以来便成为世界范围内最主要的钛生产方法,但其存在工艺烦琐、能耗大、成本高、环境污染严重等缺陷,因而无法实现钛的大规模生产和应用。Hunter法是世界上最早制备纯钛的方法,其以钠还原$TiCl_4$制备金属钛,于20世纪50年代投入工业化生产[2],但由于成本偏高而于20世纪90年代被逐步淘汰。以Hunter法为基础,ITP公司开发了Armstrong法[3],该法因为能实现钛的连续化生产从而为工业化提供了希望。另一种以$TiCl_4$为原料制备金属钛的方法为$TiCl_4$熔盐电解法,该方法一度被认为是最有可能替代Kroll法的工艺,但由于其难以控制钛与氯的逆反应及钛不同价态离子之间的转化问题而未能成功。1985年,意大利科学家Ginatta通过使用中介电极解决了$TiCl_4$熔盐电解中$TiCl_4$向$TiCl_2$的转化问题[2],并与RMI公司联合进行了工业化生产。虽然Armstrong法和Ginatta法较之传统的Hunter法和$TiCl_4$熔盐电解法都有了很大的提高,但其原料仍然采用$TiCl_4$,因而无法避免氯化过程,难以从根本上解决Kroll法面临的成本及环境问题。随着FFC工艺以及直接热还原制备金属钛等新工艺的发展,一步法直接制备金属钛及钛合金新技术和新工艺也得到极大的发展。例如,采用熔盐电解法制备钛铝中间合金也取得了可喜的进展。但是该类方法同样存在着产率低、能耗高、设备复杂,尤其是合金中的钛含量低,限制了推广应用。因此,开发以钛氧化物为原料新型铝热还原直接制备低氧低夹杂的钛基合金新工艺是未来钛工业发展的必然趋势。

二、直接还原法制备金属钛的研究现状

由钛氧化物直接还原/电解制备金属钛被认为是未来钛冶金最有可能代替Kroll法的方法,这一点已成为国内外学者的共识。熔盐电解在金属铝、稀土金属制备上已获得广泛的工业应用,基于此,直接电解TiO_2熔体或TiO_2/熔盐制备金属钛的新思路受到人们的广泛关注[4-6]。2000年,剑桥大学的Fray等在

Nature 上发表了"$CaCl_2$ 熔盐中直接电解还原 TiO_2 制备金属钛"的 FFC 工艺[7]。该工艺提出后,因其过程简单绿色而迅速吸引了全世界的广泛关注,英国专门成立了 BTi 公司并联合美国 TIMET 公司致力于 FFC 工艺的工业化。澳大利亚 BHPBpition 公司和英国 Metalysis 公司对此也进行了系统的研究,目前该工艺仍然停留在实验室阶段,其技术难题及制约瓶颈在于电流效率低、电解过程不稳定等。

国内近年来也对 FFC 法进行了大量研究[8-11],同样停留于实验室电解过程的机理研究和工艺条件优化,FFC 工艺要实现工业化仍然面临着艰巨的挑战。国内对于 TiO_2 熔盐电解法制备金属钛的研究也做出了许多创新性的工作,上海大学提出了利用固体透氧膜提取海绵钛的 SOM 法,该法在降低能耗、提高生产率等方面具备优势,该法最大的技术难题是如何实现大尺寸性能稳定的 SOM 膜的低成本规模化制备。北京科技大学开发了在熔盐中电解可溶性阳极 TiC_xO_y 制备金属钛的 USTB 工艺[11],所得产品纯度高,与 FFC 法相比,电流密度及电流效率相对较高,目前已进行了 10 kg 级规模的尝试。该方法工业化应用存在的最大调整是可溶性阳极 TiC_xO_y 低成本快速制备,还有电极材料的制备问题,距离工业化规模应用还存在很大的距离。

另外,日本京都大学 Ono 和 Suzuki 教授在 FFC 的基础上提出了在 $CaCl_2$ 融盐中电解 CaO 获得金属钙直接还原 TiO_2 的 OS 法[12],该法可以很好地克服 FFC 法中氧长距离扩散引起的电流效率过低的技术难题。东京大学还把电子中介反应法(EMR)用于 TiO_2 钙热还原过程直接制备金属钛粉[13]。

综上所述,现有的 FFC 法、OS 法、EMR 法、SOM 法以及 USTB 法等 TiO_2 (TiC_xO_y) 直接还原工艺都可以归结于电化学还原法,因其具有短流程、低污染等优点,目前被公认为是未来最有可能取代 Kroll 法的方法钛冶金绿色新技术,已成为未来钛冶金的重点研究方向之一。但以上方法普遍存在熔盐需求量大、还原时间长、工艺放大困难等技术瓶颈。

基于金属热还原法的流程短、工艺简单等优点,直接金属热还原 TiO_2 制备金属钛则成为另一类受到人们广泛关注的金属钛制备方法。东京大学的 Okabe 等[14]提出了利用钙蒸汽直接还原预制品中 TiO_2 的 PRP (preform reduction process)法,可以制备出纯度较高的金属钛。国内东北大学和昆明理工大学对该法展开了进一步研究,取得了一系列成绩[15-17]。但钙做还原剂存在生产成本高,而且钙蒸气在预制品中扩散困难,需要在高真空气氛中长时间还原,因此其效率极低。从热力学上看,铝、镁是除钙之外另外两种经常使用且价格低廉的还原剂。其中,镁热还原 TiO_2 成本相对较低,同时由于反应过程中钛、镁不生成中间合金,采用稀酸洗去 MgO 渣就能得到金属钛粉,因此具有工艺简单,流程短等优点,是一种极具前景的钛生产方法,该方法最大的问题是产品中氧含量难以降至 2 wt% 以下[18-19]。昆明理工大学和兰州理工大学[20-21]在镁蒸气还原 TiO_2 和自蔓延法镁热还原 TiO_2 方面进行了大量的理论及实验研究,取得了一定的成果,但仍然无法解决脱氧不彻底的技术难题。

三、铝热还原法直接制备钛基合金的研究进展

(一)铝热还原直接制备钛基合金存在的问题

铝热还原 TiO_2 在热力学上是可行的,为了保证 TiO_2 的彻底还原,配料中必须配入过量的还原剂金属铝,造成还原熔炼渣黏度升高、流动性变差,从而导致金渣分离困难。同时过量还原剂铝粉的存在,会在反应过程中生成大量的 TiAl 中间合金相,因此,铝热还原一步法直接制备金属钛的实际难度很大。

目前,所发展的钛合金产品主导的仍是钛铝基系列合金,因此钛铝中间合金作为母合金一直受到人们的广泛关注。同时,钛铝中间合金具有合金密度低、耐热性好、比强度高、比刚度大以及高的抗高温蠕变性能和抗氧化性能,已成为超高声速飞行器和下一代先进航空发动机的首选材料。近年来特种钢中广泛使用的含钛量 65% ~ 75% 的高钛铁合金精炼剂,由于其熔点低(1070 ~ 1130℃)、比重适宜(5.4 g/cm³)、含杂质少等优点,特别适用于特殊钢尤其是不锈钢冶炼,优于低钛铁或残钛,大大提高了钢的质量,降低了钢的成本。同时高钛铁对提高军用航空等高级合金钢的质量,有着不可取代的作用,是一种质量导向合金,发达国家的高钛铁产量占钛铁总产量的三分之二以上。

目前,以上钛基合金均是以海绵钛或以废钛材为原料,进行真空对掺重熔制备的。例如,俄罗斯、西欧等采用重熔法生产高钛铁质量(质量分数,%)指标为:Ti 68 ~ 72,Al<4.0,V<3.0,Mn<1.0,Si<0.5,N<0.4,C<0.1,S<0.015,P<0.02,O<2.0。我国受废钛材限制,采用铝热还原法生产高钛铁,即以金红石、铝粒、石灰和氯酸钾为原料,采用铝热还原反应进行高温熔炼生产高钛铁,所制备的高钛铁的质量指标(质量分数,%)为:Ti 65 ~ 75,Al<5.0,Si<4.0,O 5 ~ 10。由此可见,我国高钛铁技术水平与发达国家存在很大差距,优质高钛铁产品主要依赖进口。而钛铝中间合金的生产方法主要包括:铸造和铸锭冶金技术(锻造、挤压、轧制、板材成型等)及粉末冶金技术(模压、挤压、烧结)两大类,无论是钛铝合金的铸造和铸锭冶金技术以及粉末冶金技术,还是高钛铁的重熔法生产,都是以金属钛为原料(如钛铝合金的铸造和铸锭冶金技术是以海绵钛或纯钛粉和金属铝为原料进行生产,高钛铁合金是以废钛材为原料,加废钢还原重熔进行生产),尽管获得了很好的产品质量,但是存在着生产成本高、工艺复杂以及能耗高等缺

点。如果从钛的冶炼源头算起,这类生产方法属于典型的高排放、高能耗等工艺,其钛材的应用流程仍旧是基于 Kroll 法长流程、高污染工艺流程,具体如图 1 所示。

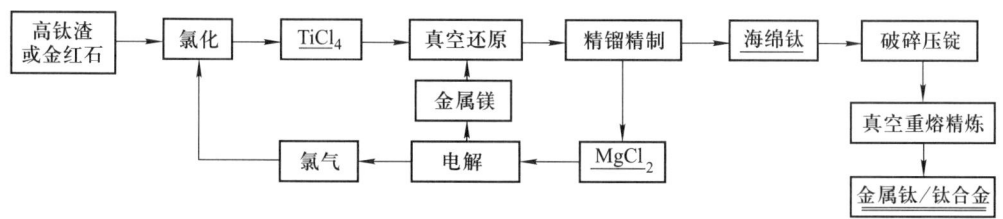

图 1　现有钛材应用原则流程

其缺点十分显著:首先,流程长,操作工艺复杂;其次,污染严重,氯耗为 2.8~3.3 t/t 海绵钛,固废 1.5 t/t 海绵钛;另外,能耗高、生产成本高。从钛原料到钛材需要经过高温氯化、真空还原、精馏精制等高温步骤。

因此,发展钛及钛合金短流程清洁制备新理论、新方法,是实现钛工业可持续发展的重要保障途径之一,亦是目前钛冶金领域的研究热点。但现有的钛的短流程制备工艺,无论是熔盐电解工艺,还是金属热还原制备方法,均存在很多技术难题,成为制约其工业化应用的技术瓶颈。

东北大学特殊冶金创新团队的张廷安、豆志河等经过多年的系统研究,破解了制约金属热还原法直接制备金属钛及钛基合金的技术难题,从冶金热力学和动力学角度出发,找到了解决金属热还原钛氧化物直接制备钛基合金过程中钛氧化物脱氧的途径,并从热力学角度系统揭示了不同的 Ti-Al-O-Me 多元体系中脱氧平衡计算。基于此提出了基于分步金属深度热还原法制备钛基合金的短流程新工艺[22-27]。

首先在还原剂铝足量(制备钛合金时)/不足(制备金属钛时)时进行铝热自蔓延熔炼得到高温熔体;然后喷吹高温钙或镁蒸气进行深度还原制得初始铸锭;最后将初始铸锭真空自耗精炼深度脱氧除气制得钛/钛合金锭(图 2)。这一研究先后得到国家"973"计划、国家自然科学基金(优秀青年基金、面上、青年)以及中央高校基本业务费(创新团队、探索导向重点以及创新基金项目)等项目的资助。

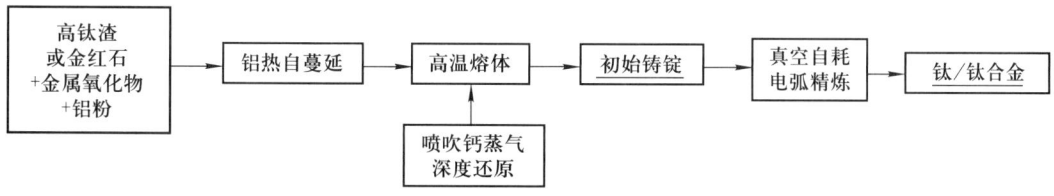

图 2　深度热还原直接制备钛基合金的原则流程

(二)基于深度金属热还原直接制备钛基合金的研究进展

以铝热还原法制备高钛铁为例,其技术难点及关键科学如图3所示。

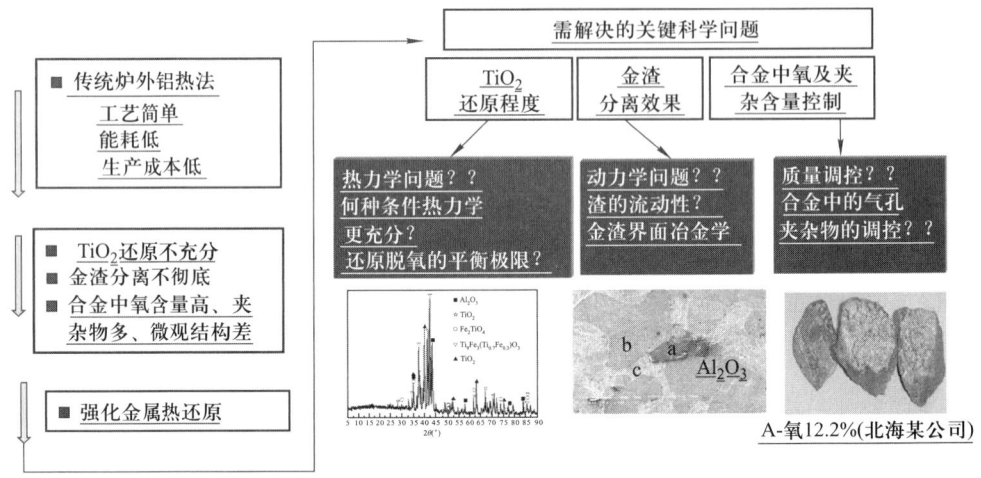

图 3　铝热还原法存在的技术难题示意图

① TiO₂还原不彻底,产品中存在钛的氧化物以及钛氧固溶体,严重限制了高钛铁合金的质量;② 金-渣分离不充分,钛铁中 Al₂O₃、SiO₂ 等氧化物夹杂物过多,导致氧含量增高,造成 Al、Si 等残留过多;③ 钛铁产品中存在大量的气孔,造成组织结构疏松等缺陷。因此,要想解决以上关键科学问题和技术难题必须弄清楚铝热过程中热力学及动力学机制,弄清楚合金中夹杂物的赋存状态及分布规律,揭示出金渣界面的冶金学行为规律。

1. 铝热还原法制备高钛铁合金中夹杂物分析

结合表1和图4可知,Al_2O_3 夹杂相的存在,说明熔渣与金属相分离并不完全,冶炼动力学条件不充分。钛氧固溶体、TiO_2、Ti_2O、Fe_2TiO_4 等相的存在,说明 TiO_2 还原的热力学不充分,是导致高钛铁含氧量过高的直接原因。

表 1　高钛铁化学成分

成分	Ti	Fe	Al	Si	O	其他
含量/wt%	75.08	5.54	3.51	2.16	12.20	1.51

由图5高钛铁的 SEM 照片可知,高钛铁合金存在三个明显的区域,其中,区域 a 为 Al_2O_3 夹杂相,区域 b 为钛氧固溶体基体相,区域 c 为钛和铁的非晶态相。而 Ti_2O、Fe_2TiO_4 等相在照片中并未被发现,说明 Ti_2O、Fe_2TiO_4 可能仅存在少量次

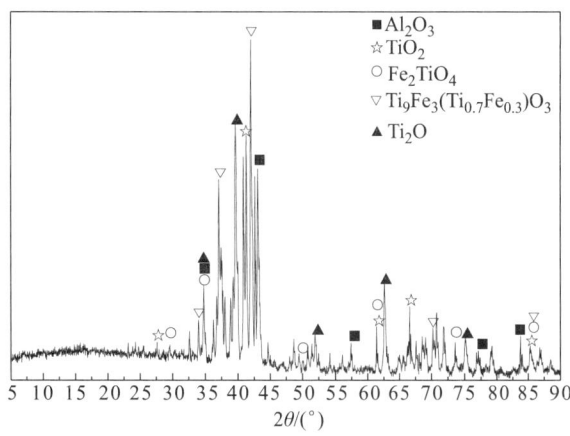

图 4 高钛铁的 XRD 图

生相,宏观尺寸太小。背散射图片中明显出现孪晶现象。

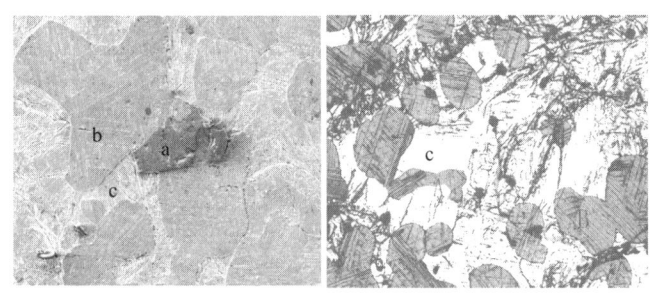

图 5 铝热还原高钛铁合金的 SEM 图

由图 6 可以看出,各元素分布并不均匀。Fe 元素只在部分区域内分布,说

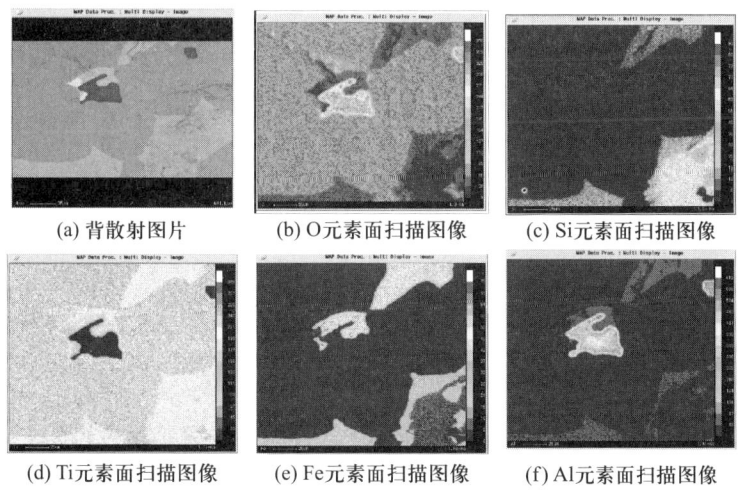

(a) 背散射图片　　(b) O元素面扫描图像　　(c) Si元素面扫描图像

(d) Ti元素面扫描图像　　(e) Fe元素面扫描图像　　(f) Al元素面扫描图像

图 6 电子探针元素的面扫描分析图像

明溶池内渣金流动性不好;铝元素含量高的区域,氧元素含量也很高,其他元素含量几乎为零,说明铝元素几乎只与氧元素结合在一起,表明铝元素的基本赋存形态为 Al_2O_3。铁元素存在的区域钛的含量也很高,而且几乎没有其他元素,因此认为铁基本以钛铁合金的形式存在;而硅元素含量高的地方氧元素的含量较低,且只有钛元素的含量高,因此认为硅是以硅钛合金形式存在。

2. 钛氧化物铝热还原过程的热力学及动力学

由图 7 至图 8 可知,铝热还原是分步的,限制性步骤是 TiO 向 Ti_3O 或 Ti 的转化反应。Ti-O 体系中 Al 热还原过程中 Al 脱氧的极限 O 含量约为 12%;在熔体中有 Al 的情况下,熔体中 Al-O 平衡的平衡组成逐渐前移,Al 含量从 5% 到 25% 时,脱氧反应的极限值从 7% 降低至 4%。在熔体中有 Fe 的情况下,也可提高 Al 的脱氧能力,Fe 含量为 10%,反应平衡时 O 含量大约为 9%。在 Ti-Al-O-Fe 复合熔体中,在含 Fe 25% 的熔体中,1% Al 的情况下,反应平衡时的 O 含量为 7%;在 Al 含量为 25% 时,可将氧含量降低至 1% 以下。

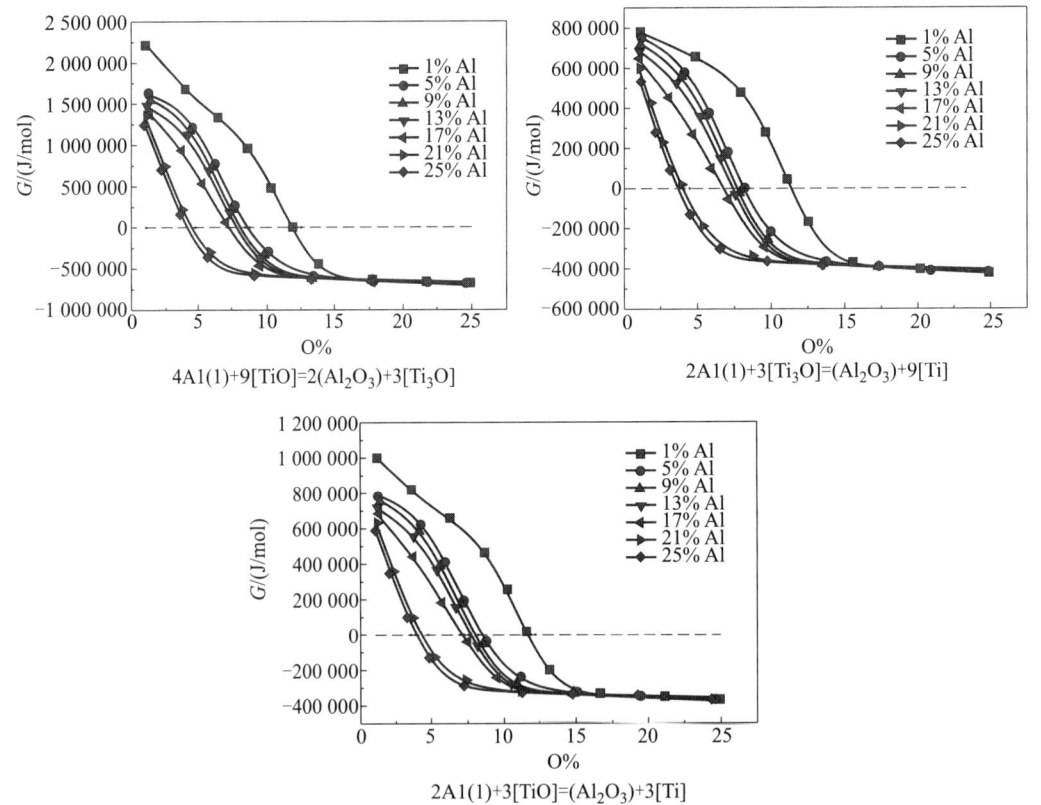

图 7 铝热还原过程中 Ti-Al-O 体系中脱氧平衡关系图

由图 9 可知,铝还原 TiO_2 是分步进行的,第一步还原反应发生在 1000 ℃,第

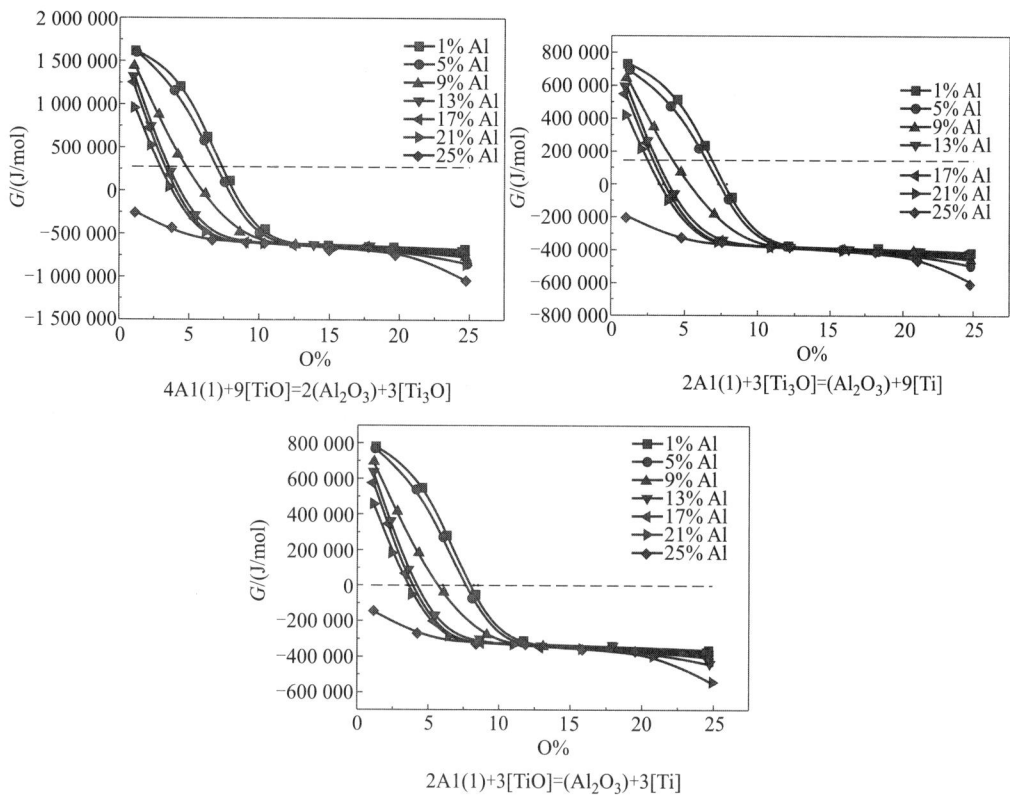

图 8 铝热还原过程中 Ti-Al-Fe-O 体系中脱氧平衡关系图

二步还原发生在 1400 ℃ 附近,结合热力学分析可知,$TiO_2 \to TiO$ 的还原较容易发生,$TiO \to Ti$ 的还原需要较苛刻的条件。

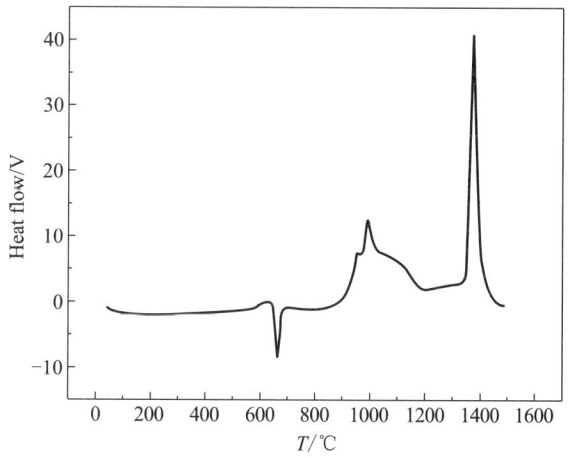

图 9 铝还原 TiO_2 的 DSC 曲线

由图 10 可知,强化铝热还原法直接制备低氧高钛铁是没有问题的,实现了钛氧化物的彻底还原脱氧,成功制备出高钛铁的氧含量<1.00%。但是化学成分分析发现,合金中铝残留量高达 8.50%,影响了高钛铁的使用性能,这一结果与热力学分析一致。因此,如何实现低氧以及铝可控的高钛铁制备的技术突破,是制约铝热法制备优质钛基合金的技术瓶颈。在此基础上,张廷安、豆志河等提出了分步热还原直接低氧、低铝钛基合金的新思路(原则流程见图 2)。

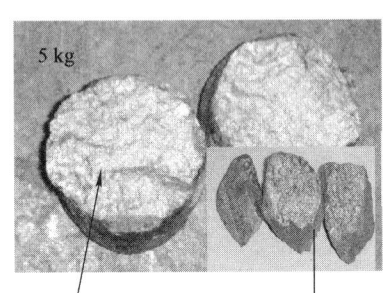
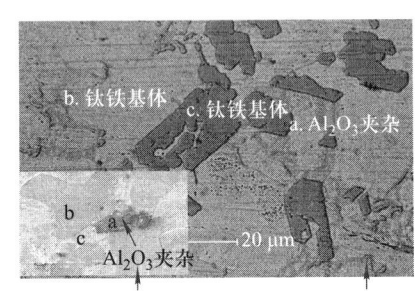

图 10　强化还原法与传统炉外铝热法制备的高钛铁

由图 11 可知,采用分步还原所制备的高钛铁氧含量由一步强化还原的 0.59%降低到 0.23%,铝含量由 7.80%降低到 1.5%,合金中夹杂物被有效去除,合金的微观结构变得均匀致密。

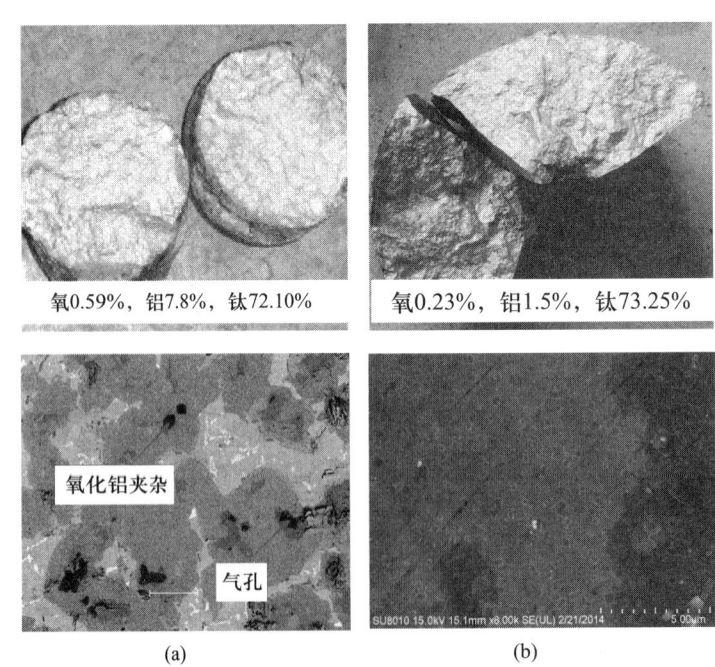

图 11　不同强化还原方法制备的高钛铁

(a)强化一步还原(高钛铁);(b)分步还原(高钛铁)

由图 12 可知,以 TiO_2 为原料,以铝为还原剂,采用强化铝热还原工艺成功制备纯度>99.0% 的钛铝中间合金,合金中的氧含量为 0.20%,氮含量为 300 ppm。根据热力学计算结果可以推测,采用分步深度热还原可直接制备出低氧高纯钛铝中间合金。

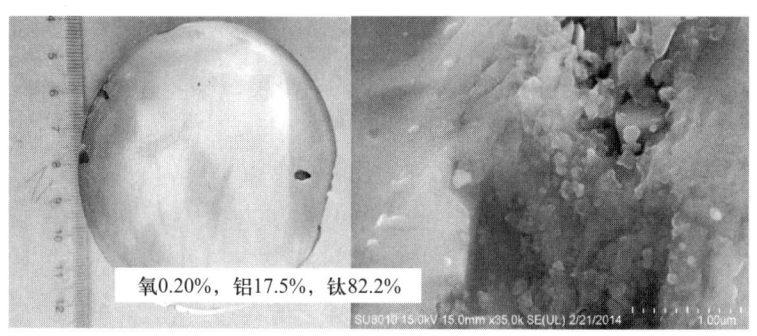

图 12 一步强化还原制备的钛铝中间合金

综上可知,采用强化铝热还原以及分步深度热还原实现了钛氧化物的彻底还原脱氧的技术难题,打破了多年来研究者一致认为金属热法无法直接制备低氧钛基合金的观点,为实现我国短流程清洁钛冶炼提供了试验和理论依据。

四、结论

我国是世界上钛资源最丰富的国家,随着《国家中长期科技发展规划纲要》中"大飞机专项"的稳步实施,以及海洋工程开发的逐渐深入,我国将迎来一个钛消费的高速发展时期。因此,开展新型钛冶金的研究对于促进我国科技进步和提高技术实力具有重要意义。东北大学特殊冶金创新团队发明的以钛氧化物为原料,采用分步深度金属热还原法直接制备低氧高纯钛基合金的新工艺,不但解决了钛氧化物脱氧难的技术瓶颈,而且实现了传统铝热还原法制备的钛基合金中铝残留可控调控,成功解决了现有的基于 Kroll 法的由钛矿/高钛渣→四氯化钛→海绵钛→钛材应用流程存在的流程长、污染大、能耗高、生产成本高等缺陷,是一种极具发展前景的短流程清洁钛冶金工艺,该方法的推广应用对实现我国钛工业的可持续发展,提升我国钛工业的国际竞争力具有极大的推动作用。

参考文献

[1] Kroll W J. The production of ductile titanium[J].Trans Electrochem Soc, 1940, 78: 35-47.

[2] Hunter M A. Metallic titanium: Rensselaer polytechnic institute engineering[J]. J Am Chem Soc, 1910, 32: 330-336.

[3] Armstrong D R, Borys S S, Anderson R P. Method of making metals and other elements from the halide vapor of the metal:US, 5958106[P].1999-09-28.

[4] Ginatta M V. Plant for the electrolytic production of reactive metals in molten salt baths:US,N4670121[P].1987-06-02.

[5] Okabe T H, Uda T. Reduction process of titanium oxide using molten salt[J]. Titanium, 2002, 5: 325-330.

[6] Takenaka T, Suzuki T, Ishikawa M, et al. The new concept of electrowinning process of liquitd titanium metal in molten salt[J]. Electrochem, 1999, 67: 661-668.

[7] Chen G Z, Fray D G, Farthing T W. Direct electrochemical reduction of titanium dioxide to titanium in molten calcium chloride[J]. Nature, 2000, 407:361-364.

[8] Wang S L, Li Y J. Reaction mechanism of direct electro reduction of titanium dioxide in molten calcium chloride[J]. Journal of Electroanalytical Chemistry, 2004, 571: 37.

[9] 郭胜惠, 彭金辉, 张世敏, 等. $CaCl_2$体系中电解还原TiO_2制取钛的研究[J]. 稀有金属, 2004, 28(6): 1091.

[10] 刘美凤, 郭占成, 卢维昌. TiO_2直接电解还原过程的研究[J]. 中国有色金属学报, 2004, 14(10): 1752.

[11] 朱鸿民, 焦树强, 顾学范. 一氧化钛/碳化钛可溶性固溶体阳极电解生产纯钛的方法: 中国, ZL 200510011684.6[P].2005-12-28.

[12] Ono Katsutoshi, Suzuki Ryosuke O. A new concept for producing Ti sponge: Calciothermic reduction[J]. J Metals (JOM), 2002, 54(2): 59-61.

[13] Park I, Abiko Takashi, Okabe Toru H. Production of titanium powder directly from TiO_2 in $CaCl_2$ through an electronically mediated reaction (EMR)[J]. Journal of Physics and Chemistry of Solids, 2005, 66: 410.

[14] Okabe Toru H, Oda Takashi, Mitsuda Yoshitaka. Titanium powder production by preform reduction process (PRP)[J]. Journal of Alloys and Compounds, 2004, 364: 156-163.

[15] 郑海燕, 谷健, 王治卿, 等. 非直接接触式金属热还原制备金属钛的酸洗分离[J]. 东北大学学报(自然科学版), 2012, 33(12): 1745-1749.

[16] 贾金刚, 徐宝强, 徐敏, 等. 真空钙热还原二氧化钛制备钛粉的研究[J]. 钢铁钒钛, 2013, 34(2): 1-6.

[17] Rostron D W. Thermal reduction of titania and zirconia:Bhutan, BT675933[P].1950.

[18] Won C W, Nersisyan H H, Won H I. Titanium powder prepared by a rapid exothermic reaction[J]. Chemical Engineering Journal, 2010,157: 270-275.

[19] Bolivar R, Friedrich B. Synthesis of titanium via magnesiothermic reduction of TiO_2(pigment)[J]. Proceedings of EMC, 2009:1-17.

[20] 宋建勋, 徐宝强, 杨斌, 等. 镁热还原法制取金属钛的实验研究[J]. 轻金属, 2009(12):43-48.

[21] 张鹏林, 闫丽静, 夏天东, 等. 工艺参数对$Mg-TiO_2$体系自蔓延高温合成反应的影响

[J].有色金属,2008,60(4):35-39.
[22] 张廷安,豆志河,牛丽萍,等.基于铝热还原-真空感应熔炼制备高品质高钛铁的方法:中国,ZL200710011614.X[P].2007-11-07.
[23] 张廷安,豆志河,牛丽萍,等.基于铝热还原制备高品质高钛铁合金的方法及装置:中国,ZL200810230203.4[P].2009-06-17.
[24] 张廷安,豆志河,牛丽萍,等.一种分步金属热还原制备高钛铁的方法:中国,ZL201010514572.3[P].2011-02-09.
[25] 张廷安,豆志河,张子木,等.一种基于铝热还原-喷吹深度还原直接制备金属钛的方法:中国,201410345905.2[P].2014-11-05.
[26] 豆志河,张廷安,张子木,等.一种铝热还原-喷吹深度还原制备低氧、低铝钛铁合金的方法:中国,201410345901.4[P].2014-11-05.
[27] 张廷安,豆志河,张子木,等.一种铝热还原-喷吹深度还原制备钛铝钒合金的方法:中国,201410345713.1[P].2014-10-29.

张廷安 1960年生,东北大学二级教授、博士生导师。青海省"昆仑学者"特聘教授,国务院政府特殊津贴获得者,宝钢奖教金优秀教师奖获得者、辽宁省先进科技工作者。现任东北大学材料与冶金学院院长、中国有色金属学会冶金反应工程学学术专业指导委员会主任(创建二级分会)、《材料与冶金学报》副主编。主要从事有色金属冶金多相反应工程学、特殊冶金(自蔓延冶金、高压湿法冶金)以及冶金反应器设计与优化。承担"863"、"973"、国家自然科学基金等项目60多项。发表论文200多篇,论文他引1500多次;申请国家发明专利62项,国际PCT专利1项;出版专著7部。获国家科技进步奖二等奖、国家教学成果奖二等奖等奖励20多项。TMS年会高温冶金分会主席、首届中国高校冶金学院院长论坛创办发起人。鉴于其在行业领域内的突出贡献和影响力,其事迹已被《科学中国人》、《世界有色金属》(封面人物)作了专题报道。培养博士研究生50余名、硕士研究生70余名。

Ti14 合金半固态变形行为及可锻性研究

赵永庆[1)]　陈永楠[2)]　马雪单[1)]　霍亚洲[2)]
王皎[2)]　赵祎萍[2)]

1）西北有色金属研究院；2）长安大学材料科学与工程学院

摘要：以阻燃合金 Ti14 合金（$\alpha+Ti_2Cu$）为对象，研究了 Ti14 合金半固态变形行为，分析了不同温度、应变速率和变形量条件下组织演变规律及晶界特征；并采用锻造实验研究了该合金半固态可锻性及锻件力学性能，研究结果表明：半固态变形过程改变了液相的分布，使得液相延晶界向试样表面流动，随着温度的升高，液相析出量增加，并集中在晶界处，使得晶界宽化，由不连续转变为连续分布；变形量改变了晶界的界面能，促使晶界发生迁移和转动；应变速率增加，液相流动和固相粒子移动和转动速率增加，促进了液相由试样中心向边缘流动。锻造实验研究结果表明：合金在半固态较常规固相下具有较好的触变镦锻成形性；半固态较常规锻造，由于液相的协调变形机制，减少了晶界初的应力集中，有效地降低合金的变形抗力，同时，半固态锻造过程中产生的动态再结晶，可以细化晶粒，提高了力学性能，改善了合金的成形性。

关键字：半固态；Ti14 合金；锻造；微观组织；力学性能

一、引言

钛是地壳中分布最广的元素之一，仅次于铝、铁、镁，居第四位。与普通的金属材料相比，钛具有非常多的优点：在力学性能方面，钛不仅具有较高的比强度，还具有优异的韧性和抗疲劳性；在化学性能方面，钛在自然条件下就可以形成致密的氧化膜，该氧化膜能抵抗外界多种化学介质的腐蚀，具有优异的耐腐蚀性能；更值得一提的是钛合金在 550℃ 高温下长期使用，仍能保持较好的持久强度和热稳定性；而且当氧、氢、氮等含量较低时，在超低温度条件下仍具有良好的延性和韧性。钛及钛合金因比重小、比强度高、耐高温、耐蚀、无磁、生物相容性好等众多优点，在航空、航天、舰船、兵器、医用等行业得到广泛应用[1]。目前，钛合金制品主要采用挤压、锻造、轧制等压力成型方法，这种变形钛合金较铸造钛合金具有高强度、更好的延展性、更多样化的力学性能，可以满足更多结构件的需要,变形钛合金材料具有铸造材料无法替代的优越性能。因此,研究和开发高性能变形钛合金和新型的钛合金加工技术具有非常重要的意义[2]。

变形钛合金产品的生产有困难和特殊性,由于金属 Ti 具有密排六方(hcp)晶体结构,滑移系少,造成钛合金材料比其他常见金属 Al、Fe 具有较差的塑性变形能力[3]。为了改善合金的塑性加工能力,Zhao 和 Chen[4-5]研究了钛合金在半固态条件下的变形行为,发现了合金在半固态条件下具有较低的变形抗力,但对合金在不同条件下,特别是在应变速率和温度对合金变形行为和组织结构之间的关系研究较少。因此,为了加深钛合金半固态塑性变形基本规律的认识,本文对阻燃合金 Ti14(α+Ti2Cu)[6-7]进行了半固态塑性变形的热/力模拟及锻造实验,研究了合金在不同条件下的半固态变形行为及可锻性,旨在为该系列合金半固态加工技术提供理论依据和实验参数。

二、试验方法

试验所用的 Ti14 合金[8](Ti-Cu-Al-Si, Cu>10 wt%)为 α+Ti2Cu 型钛合金,其中,Ti2Cu 熔点为 1263 K,温度高于 1263 K,认为合金处于半固态区间。压缩变形试样的尺寸为 Φ8 mm×12 mm,利用 Gleeble1500 完成半固态压缩变形,具体半固态压缩变形工艺如下:变形温度为 1273 K、1323 K、1373 K、1423 K;保温时间为 60 s;应变速率为 0.005 s^{-1}、0.05 s^{-1}、0.5 s^{-1} 和 5 s^{-1};变形量为 40%、50%、60%、70%。淬火后的 Ti14 合金试样经过粗磨、细磨磨光后,采用 Al_2O_3 抛光液进行粗抛和细抛。然后用自制的专利腐蚀液[9]适当腐蚀得到金相试样。模锻所需 Ti14 合金 25 kg 铸锭,经常规开坯锻造至 Φ40 mm 棒材后,采用倾角为 120°的 WC 锻模,将棒材分别锻造至 Φ20 mm、Φ25 mm 和 Φ30 mm,对应变形量分别为 75%、60%和 45%。锻造温度为 1223 K、1273 K、1323 K 和 1373 K,采用辐热高温计测温,升温速率为 25 ℃/s,锻造速率为 500 mm/min,试样用喷水冷却,以保持高温变形组织。利用 Instron1195 电子拉伸测试合金室温拉伸性能。

三、实验结果

(一) Ti14 合金半固态压缩变形的真应力-真应变曲线

试样在不同半固态变形温度和应变速率条件下应力-应变曲线如图 1 所示。由图可见,不同温度下,试样的流变应力变化趋势基本相同。在较低的半固态变形温度(1273 K)下,应力随应变的增加迅速上升到最高点,然后降低到一个稳定值;表现出稳态流变特性,如图 1(a)所示。在较高的压缩变形温度下(如 1323 K 和 1373 K),当压缩变形开始后,应力迅速上升,然后进入相对稳定阶段,整个变形过程与1273 K的流变特性相似,如图1(b)和1(c)所示。Wang等认为:半固态条件下,当合金的固相分数超过0.4时,表现为宾汉流体,即存在着明显的屈服现象。本文压缩变形试样的固相分数都高于0.4[10],在压缩变形初期,随着应变的增加,应力迅速上升至屈服极限,即应力的峰值;随后,由于应力对试样的剪切作用或触变作用,Ti14合金试样中初生的α-Ti骨架或初生α-Ti颗粒的团聚体(agglomerations)不断地被破坏或解聚,降低了变形抗力,引起了流变应力的减小,当合金中的α-Ti骨架或初生α-Ti颗粒的团聚体被破坏或解聚到一定程度时,压缩应力与应变达到一个相对稳定的阶段,表现出稳态流变特性。

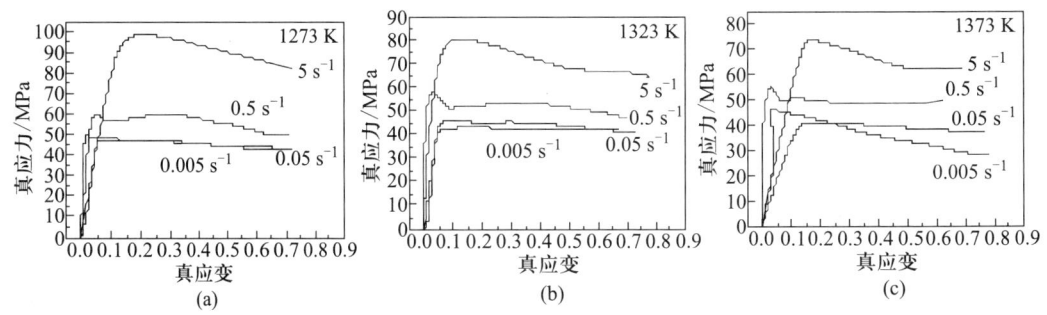

图1 Ti14合金试样的半固态压缩变形的应力-应变曲线

(a) 压缩变形温度为1273 K;(b) 压缩变形温度为1323 K;(c) 压缩变形温度为1373 K

同时,相同温度下,较高的应变速率使得初生的α-Ti骨架或初生α-Ti颗粒的团聚体被破坏或解聚的速度加快,变形抗力就会加大,造成流变应力的上升;反之,变形抗力的减小,使得流变应力下降。温度越高,液相含量越多,应变速率的影响越显著。半固态Ti14合金试样上述的应力-应变关系的趋势基本符合固态材料的压缩变形规律,只是在半固态条件下压缩应力值相对较低。当应变速率降低到某一数值时(如0.05 s^{-1}),试样内的骨架或团聚体的破坏或解聚速度较慢,流变应力在经过少量应变达到峰值后,迅速进入压缩变形后期,即稳态流变应力阶段。由于试样内的骨架或团聚体的破坏或解聚速度相对较慢,骨架或团聚体的解聚较容易发生,因此与应变速率的关系不大,变形应力和应变速率之间的敏感性下降,在低应变速率区(0.05 s^{-1}),应力-应变曲线非常接近或存在多处重叠。

对于钛合金常规固态变形而言,变形是加工硬化与软化交替进行的过程,其真应力-真应变曲线反映的是合金内位错运动和晶粒回复及动态再结晶的变化。而对于Ti14合金,在半固态变形时因为晶粒和晶界处有Ti_2Cu低熔点相熔化的现象,即有液相的存在,在压缩过程中液相分布发生变化,导致了应力-应变曲线平台的产生,即加工软化。

(二) Ti14 合金半固态变形组织分析

1. 不同半固态变形温度下的微观组织

图 2 为试样分别在 1223 K、1273 K、1323 K、1373 K 的变形温度下以 0.5 s^{-1} 的应变速率变形 40% 后的微观组织。在 1223 K，试样低于熔点变形，由于变形过程中产生的变形热，可能使试样中存在少量的液相，但变形还是以固相塑性变形为主，变形过程中发生了部分动态再结晶，晶界处出现了许多小晶粒，试样变形前的原始大晶粒依然存在，但晶界已经模糊，晶粒形状不规则，主要是由于在半固态压缩的过程中变形体内可能产生大量的低角度和低能量边界，这些边界将增加接触的固相晶粒间重新焊合的可能性，导致一些晶粒聚结形成大晶粒[图 2(a)]。变形温度升高到 1273 K，达到了该合金的半固态温度，试样中开始存在液相，液相在变形过程中降低了变形抗力，使得固相粒子本身的塑性变形减少。变形后的组织形状规整，晶界清晰，晶粒尺寸明显增大[图 2(b)]。温度达到 1323 K 和 1373 K，试样中的液相比例增大，试样心部大变形区的液相在变形过程中会向外部转移，原始晶粒在变形过程中进一步长大，同时，原子扩散和曲率

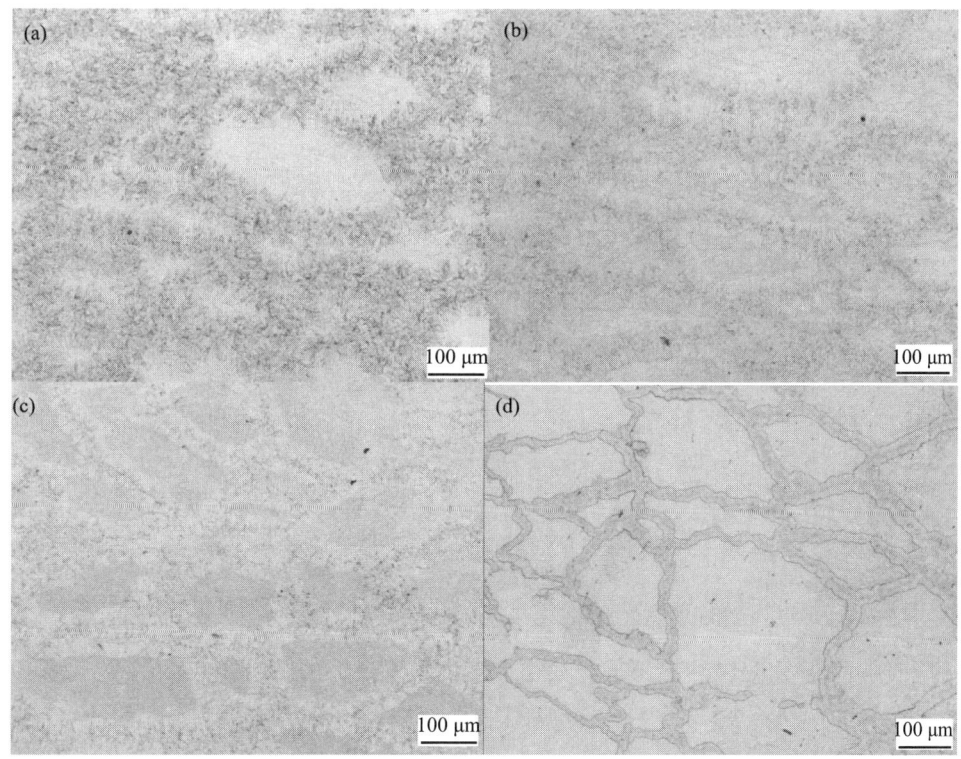

图 2　Ti14 合金不同半固态温度变形的组织(40%)

(a) 压缩变形温度为 1223 K；(b) 压缩变形温度为 1273 K；(c) 压缩变形温度为 1323 K；(d) 压缩变形温度为 1373 K

变化的共同作用使边界变得圆整,晶粒的形状变得更加规则,晶粒大小变得比较均匀[图2(c)、(d)]。综上所述,随着温度升高,晶粒尺寸明显增大,晶界宽化。

2. 不同应变速率合金的应力应变和组织组织

图3为Ti14合金在1473 K同一变形程度,应变速率分别为0.05 s^{-1}、0.5 s^{-1}、5 s^{-1}时的微观组织形貌。在半固态变形过程中,应变速率对合金的影响主要体现在两个方面,即对变形时间的影响和对能量的影响。变形温度在1473 K,一方面随着应变速率增大,部分晶粒的尺寸也有所增大,主要是由于应变速率增大,液相与固相粒子来不及协调变形,液相分布不均匀以致试样内应变分布不均,从而使得变形后的晶粒大小不均匀,个别晶粒较大;另一方面,随着应变速率增大,晶粒等效直径有增大的趋势,主要是由于在相同的变形程度下,应变速率小时,变形时间长,相当于延长了保温时间,晶粒在变形过程中充分长大与合并,且随着时间的延长,原子得以充分扩散,由原子扩散和曲率变化共同作用的晶粒熔断机制使晶界变得圆整,从而使晶粒等效直径增大。

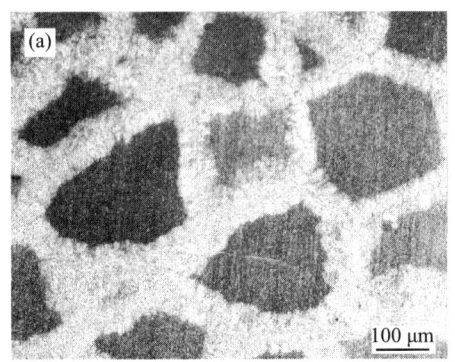

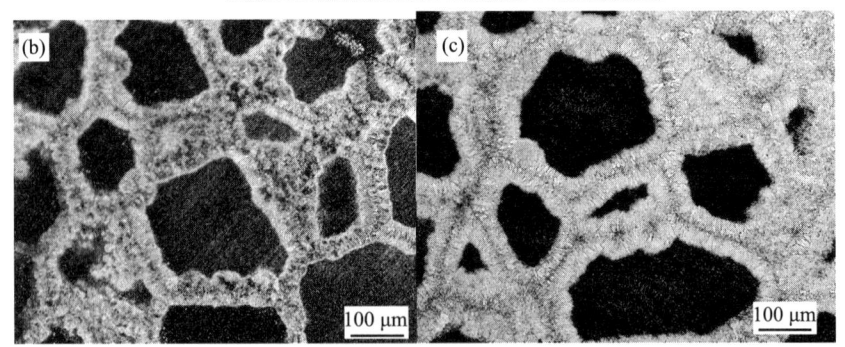

图3 Ti14合金不同半固态应变速率下变形的组织(1473 K)

(a)应变速率为0.05 s^{-1};(b)应变速率为0.05 s^{-1};(c)应变速率为0.05 s^{-1}

3. Ti14合金不同变形量半固态压缩的组织特征

图4为1373 K不同变形量压缩后试样中心区的金相组织。变形量由40%增加到50%时,晶粒在变形过程中发生熟化与合并生长,使部分晶粒尺寸增大,

液相分布在晶界,晶界粗大[图4(a)、(b)]。变形量增大到60%,对比50%变形后的组织发现:晶界粗化显著,晶粒受压特征明显,晶界模糊,短时间内长大的固相颗粒来不及合并而被破碎形成小晶粒,晶粒在压应力下扁平化[图4(c)],70%变化后,由于液相含量的增加,晶界开始模糊,随着变形量增加液相沿晶界流动特征显著[图4(d)]。

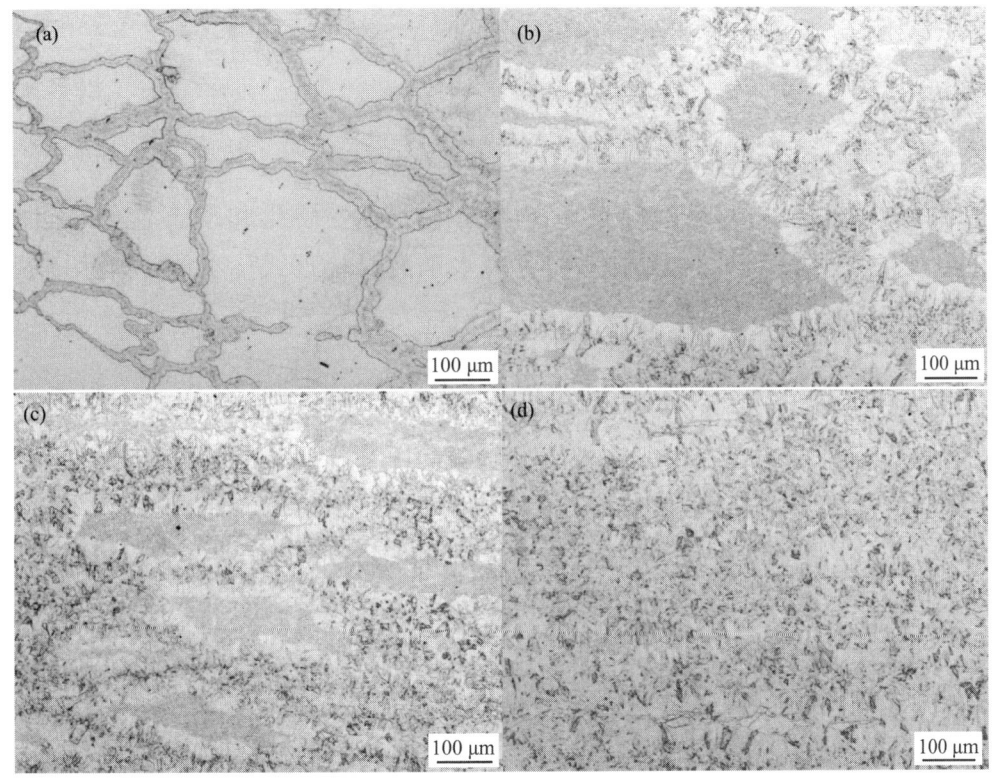

图4　Ti14合金不同半固态变形量下变形的组织(1373 K)

(a)变形量为40%;(b)变形量为50%;(c)变形量为60%;(d)变形量为70%

(二)影响变形行为的因素以及变形激活能的确定

根据试验结果可知,Ti14合金在半固态条件下的应力-应变速率和温度之间的相互关系明显,因此明确合金塑性变形过程和变形因素之间的相关性,掌握合金高温塑性变形行为对于制定该合金半固态塑性成形工艺参数以及成形过程组织性能的精确控制等有着重要的应用价值。不同合金和金属的热变形研究表明:在热变形过程中,存在热激活过程,任一状态下的流变应力 σ 取决于温度 T 和应变速率 ε,均存在一个加工硬化和动态软化之间的动态平衡,如蠕变的关系类似。Selagers和Tegart提出了采用包括变形激活能 Q 和温度 T 的双曲线正弦形式修正 Arrhenius 方程来描述这种热激活流变行为：

$$\dot{\varepsilon} = A[\sin(\alpha\sigma)]^n \exp\left(-\frac{Q}{RT}\right) \quad (1)$$

式中，A、α 和 n 均为常数；R 为摩尔气体常量；Q 为变形激活能，它反映了材料热变形的难易程度，其大小取决于材料的组织形态。

对不同热加工数据的研究表明，低应力水平和高应力水平下的流变应力和应变速率之间的关系可以分别用指数关系和幂指数关系描述：

$$\dot{\varepsilon} = A_1\sigma^K \text{(Low stress)} \quad (2)$$

$$\dot{\varepsilon} = A_2\exp(\beta\sigma) \text{(High stress)} \quad (3)$$

式中，A_1、A_2、K 和 β 均为常数。这些关系描述了应变硬化和动态软化之间的动态平衡，当应力水平低时接近式(2)，应力水平高时接近式(3)，可以应用整个应力范围，且常数 α、β 和 n 满足关系：

$$\alpha = \frac{\beta}{n} \quad (4)$$

应变速率是影响合金半固态流变行为的一个重要因素，同一变形温度下，合金的应力水平随着应变速率的增大而增大，应变速率的增加缩短了塑性变形的时间，增加了位错运动数目，缩短了软化过程的时间，使得塑性变形不充分，从而提高了合金临界变形的切应力，导致流变应力增大。Ti14 合金的稳态流变应力和峰值流变应力与温度之间的关系如表2所示，两者变化趋势相同，它们与应变速率和变形温度之间满足式(1)。

温度是影响流变应力的另一个重要因素，相同应变速率下，应力随温度的升高而降低。这是由于温度的升高增加了合金中的液相含量，减弱晶粒之间的相互作用。假定变形激活能 Q 与变形温度 T 无关，对式(1)两边分别取对数得

$$\ln\dot{\varepsilon} = \ln A - Q/(RT) + n\ln[\sinh(\alpha\sigma)] \quad (5)$$

对式(5)求偏微分可得变形激活能

$$Q = R\left[\frac{\partial\ln\dot{\varepsilon}}{\partial\ln\sinh(\alpha\sigma)}\right]_T \left[\frac{\partial\ln\sinh(\alpha\sigma)}{\partial(1/T)}\right]_{\dot{\varepsilon}} \quad (6)$$

试验所得的变形激活能 Q 和变形温度 T 之间的关系如图5所示。以往对于钛合金变形行为的研究均是在固态下，一般认为：当变形温度低于材料的局部融化温度时，变形为动态回复或动态再结晶，变形由滑移、孪生或攀移等控制。而 Ti14 合金半固态变形时，由于变形过程处于液固混合的状态，导致其变形激活能明显高于固态变形。有研究表明，变形温度低于材料的局部熔化温度时，材料的激活能与基体晶格扩散激活能相同；而变形温度高于局部融化温度时，变形激活

能高于金属晶格扩散激活能。由图中可知,变形激活能随着温度的升高表现出先增后减的趋势,相同温度下的变形激活能随应变速率的增加而增大,在测试温度内,1323 K 所对应的激活能最大,可以认为在 1273~1323 K 时液相在晶界呈现不连续分布而当温度超过 1323 K 时,液相连续分布于晶界[11]。这种温度继续升高激活能减小的现象在 Al-Mg 合金中也曾发现过[12]。

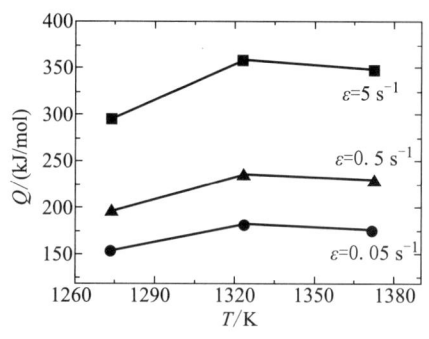

图 5　不同应变速率下合金变形激活能和温度的关系

四、Ti14 合金半固态可锻性研究

(一) 模锻实验

为了和固态常规锻造相对比,模锻试验在 1223 K 采用相同变形量进行了常规锻造。结果表明,所有锻造试样都可以在 45% 的变形量条件下实现锻造,锻件表面无明显缺陷,结果如图 6 所示。随着变形量增加到 60%,常规锻造试样产生明显的裂纹,认为锻造中变形抗力过大,产生了应力集中,导致开裂。随着变形量增加至 75%,试样在常规锻造过程中出现了断裂,说明在该变形量条件下无法实现对试样的常规锻造;半固态 1273 K 和 1323 K,75% 变形量锻造试样表面无明显的裂纹;1373 K 下,75% 变形量锻造后,试样表面出现了表皮的脱落,分析原因可能是由于液相在压力作用下渗漏到试样表面,经氧化后在锻造过程中剥落。对比分析认为,在 1273~1323 K,半固态合金可以在 500 mm/min 的锻造速率下实现大变形量的锻造,可以加工较为复杂的试样,或者是进行多次深加工;而常规锻造只能完成低变形量的加工要求。因此,半固态锻造合金的变形抗力较低,可以有效地改善 Ti14 合金的压力加工特性。此外,在 1373 K、变形量 75% 的锻造试验中,由于液相含量的升高,出现了液相的渗漏,使得氧化表皮脱落,因此,在 1373 K 压力加工时,要注意选择较低的加工速率,以保证合金中液相的均匀分布。

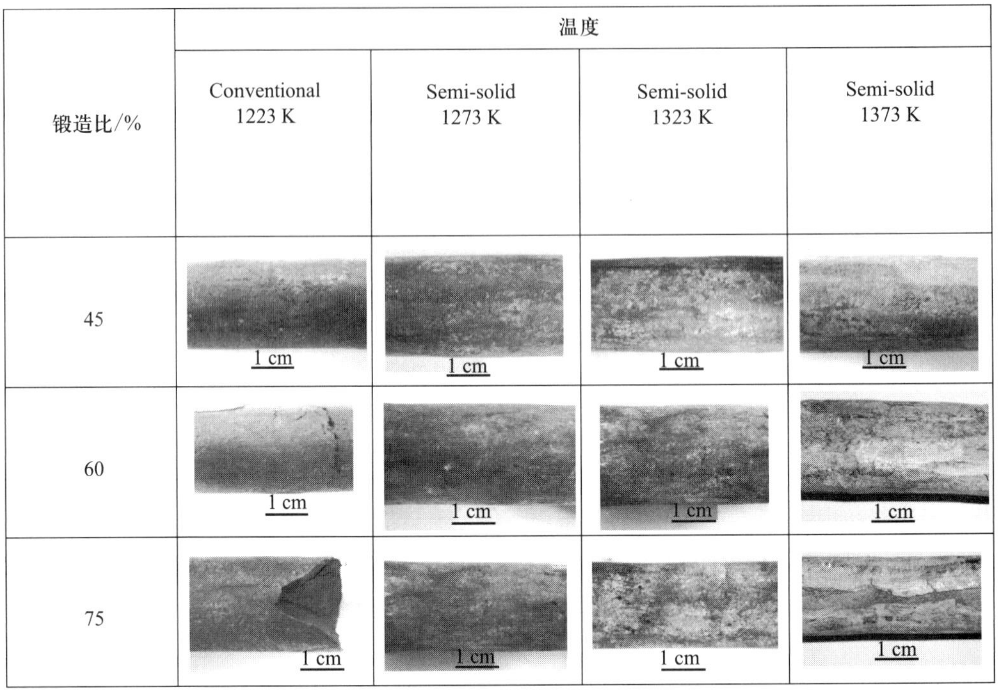

锻造比/%	温度			
	Conventional 1223 K	Semi-solid 1273 K	Semi-solid 1323 K	Semi-solid 1373 K
45				
60				
75				

图 6 不同温度和变形量锻造试样表面的宏观照片

（二）锻件组织分析

不同半固态锻造温度、45％变形量试样的横截面的组织如图 7(a)~(c)所示。随着锻造温度升高，合金晶粒明显长大。不同半固态温度和变形量试样的晶粒尺寸如表 1 所示。分析发现，晶粒尺寸随着锻造温度的升高而增大，增加的速率与锻造温度有关：如 1273~1323 K 晶粒长大缓慢，而 1323~1373 K 晶粒长大速度明显加快。分析认为液相含量对晶粒长大机制有一定影响，液相分数少，通过溶质原子的扩散使液相量逐渐增加，因此长大速度慢。随着加热温度升高，液相在晶界上形成液相薄膜，在热对流和表面能的作用下，晶粒长大较快。同

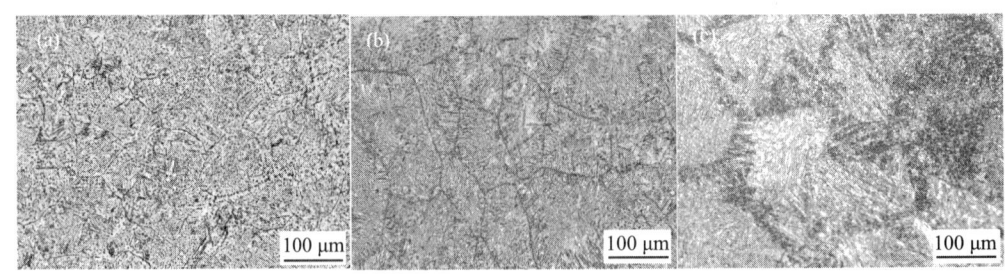

图 7 不同温度、45％变形量锻造试样的截面组织

(a)1273 K；(b)1323 K；(c)1373 K

时,随着温度增加,形状因子增加,该现象由于液相含量增加,促进了原子的扩散和晶界曲率的变化,使得晶粒形状趋于等轴。

表1 不同温度和变形量锻造后的晶粒尺寸和形状因子

温度/K	锻造比					
	45%		60%		75%	
	晶粒尺寸/μm	ξ	晶粒尺寸/μm	ξ	晶粒尺寸/μm	ξ
1273	351±15	0.667	302±15	0.630	270±12	0.620
1323	418±21	0.755	387±15	0.684	345±15	0.665
1373	510±23	0.791	498±21	0.712	470±21	0.688

1323 K下不同变形量锻造试样横截面的组织如图8(a)~(c)所示。随着变形量的增加,合金粗大的等轴晶粒减少,晶界趋于平直。分析认为:随着变形量的增加,会产生液相和固相分离的现象,液相由中心的大变形区向边部的小变形区流动,使得中心部位的液相含量减少,固相粒子的塑性变形增大,在外加应力的作用下产生晶粒破碎和动态再结晶。变形量增加促进了动态再结晶的发生,晶粒细化,导致形状因子下降。

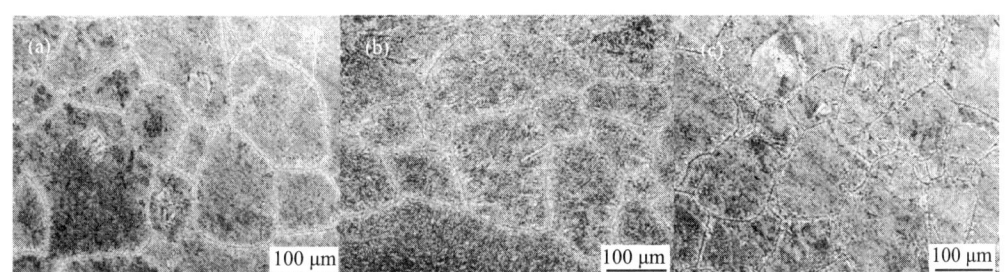

图8 1323 K不同变形量锻造试样的截面组织

(a)45%;(b)60%;(c)75%

(三)力学性能研究

表2为Ti14合金半固态锻造与常规锻造的室温拉伸性能。与常规锻造相比,半固态锻造后合金的强度明显升高,塑性明显降低,其中,1273 K半固态45%、60%和75%变形量下,试样的抗拉强度较常规锻造试样分别提高了28%、25.3%和18.8%,屈服强度分别升高了44%、40%和30.8%,延伸率分别降低67%、40%和31.5%;表明半固态锻造使得合金发生强化。其中,1273 K变形量

60%和75%的试样抗拉强度均为1000 MPa左右,屈服强度约为880 MPa。不同半固态锻造温度试样的室温拉伸性能有所变化,随着温度的上升,合金室温拉伸性能下降。1323 K锻造60%变形量后试样与常规加工比较,其强度提高了22.7%,屈服强度升高30.4%,延伸率降低60%。1373 K锻造后试样的室温拉伸性能下降较快,60%变形量后试样较常规锻造强度提高了3.7%,屈服强度下降了1.6%,延伸率降低80%。分析原因可能是由于锻造温度升高液相在压力的作用下流动产生了缺陷,使得强化效果减弱。

表2 不同温度和变形量锻件拉伸性能

温度/K	变形比								
	45%			60%			75%		
	UTS	YS	El	UTS	YS	El	UTS	YS	El
常规锻造 1223	750	600	14	790	625	15	850	680	19
半固态锻造 1273	960	865	4.5	990	880	9	1010	890	13
半固态锻造 1323	955	805	2.5	970	815	6	975	840	8
半固态锻造 1373	805	590	2.5	820	615	3	860	680	5

注:UTS,tensile strength;YS,yield strength;El elongation.

五、结论

(1)Ti14合金半固态压缩变形过程中存在着明显的屈服现象,流变应力呈现出先增后减的趋势,与固态流变应力相似;该现象与试样中初生的α-Ti骨架或初生α-Ti颗粒的团聚体被破坏或解聚过程相关。

(2)变形温度T和应变速率ε是影响合金半固态流变特性的主要因素;变形激活能随着温度的升高表现出先增后减的趋势,相同温度下的变形激活能随应变速率的增加而增大,可以认为主要由于液相在晶界分布形态所致。

(3)在1223~1373 K,变形量为45%~75%的条件下对Ti14合金进行锻造,其中,1273 K和1323 K的半固态条件下合金具有良好的可锻性,锻件表面无明显缺陷。

(4)半固态较常规锻造,由于液相的协调变形机制,可以有效地降低合金的变形抗力,具有较好的可成型性。同时,半固态锻造过程中产生的动态再结晶,可以细化晶粒,使晶粒较为圆整,易于后期加工变形。

参考文献

[1] Flemings M C. Behavior of metal alloys in the semi-solid state[J]. Metal Trans,1991,22B:269.

[2] Eskin D G, Suytino L Katgerman. Mechanical properties in the semi-solid state and hot tearing of aluminium alloys[J]. Prog Mater Sci,2004,49:629-711.

[3] Phillion A B, Thompson S, Cockcroft S L, et al. Tensile properties of as-cast aluminum alloys AA3104, AA6111 and CA31218 at above solidus temperatures[J]. Materials Science and Engineering A,2008,497:388-394.

[4] Püttgen W, Hallstedt B, Bleck W, et al. On the microstructure formation in chromium steels rapidly cooled from the semi-solid state[J]. Acta Mater 2007,55:1033-1042.

[5] Zhao Y Q, Wu W L, Ma X D, et al. Semi-solid oxidation and deformation behavior of Ti14 alloy[J]. Materials Science and Engineering A, 2004, 373: 315-319.

[6] Chen Y N, Wei J F, Zhao Y Q. Compressive deformation and forging behavior of Ti14 alloy in semi-solid state[J]. Materials Science and Engineering A, 2009, 520:16-22.

[7] Chen Y N, Wei J F, Zhao Y Q. Effect of deformation parameters on deformation behavior of Ti14 alloy during semi-solid compression[J]. Materials Science Forum, 2009,287-290.

[8] 赵永庆,朱康英,赵香苗等.一种 Ti-V-Cr 系阻燃钛合金:中国,97112303.9[P].1997-6-25.

[9] 赵永庆,朱康英,赵香苗等.一种 Ti-Al-Cu 系阻燃钛合金:中国,97112302.0[P].1997-6-10.

[10] Chen C P, Tsao A. Semi-solid deformation of non-dendritic structures-I. Phenomenological behavior[J]. Acta mater,1996,45:1955-1968.

[11] Chen Y N, Wei J F, Zhao Y Q. Effect of semi-solid forging temperature on microstructure and mechanical properties of Ti14 alloy[J]. Journal of Alloys and Compounds,2009,487:314-320.

[12] Phillion A B, Cockcroft S L, Lee P D. Constitutive behavior of as-cast magnesium alloy Mg-Al3-Zn1 in the semi-solid state[J]. Scripta Materialia,2009,55:489-492.

赵永庆 博士,教授,博士生导师,国家钛合金"973"计划首席科学家,国家重点领域"钛合金创新研制创新团队"带头人,西北有色金属研究院副总工程师、科研处处长,曾任钛合金研究所所长。在钛合金领域先后获得国家科技进步奖二等奖、三等奖各1项,省部级科技奖一等奖6项、二等奖9项。获授权发明专利50项;发表学术论文近700篇,编著《钛及钛合金金相图谱》(第1主编)、《钛合金相变与热处理》(第1主编)、《钛合金及应用》(第2主编)、《中国钛合金材料及应用发展战略研究》(第2主编)等专著,参与编写专著7部。先后荣获新世纪百千万人才工程国家级人选、政府特殊津贴专家、陕西省有突出贡献专家、省"三五"人才(第一层次)、首届省科技劳模等荣誉。

钛及钛合金材料应用经济性分析

李献民 刘 立 董 洁 贾栓孝

宝鸡钛业股份有限公司

摘要：阐述了钛及钛合金材料的优越性及应用，对比分析了近年来海绵钛、电解镍、电解铜、不锈钢等原材料价格变化，并分析了实现钛合金低成本化的加工途径。通过全寿命经济性分析的方法，以钛合金应用实例进行了计算分析，提出了在现有原材料价格的条件下，应大力推广应用钛及钛合金材料。

关键词：钛及钛合金；经济性分析；全寿命分析

一、引言

钛及钛合金具有密度小、比强度高、韧性好、热膨胀系数低、无磁性、耐腐蚀性能好等许多优异特性，是优异的结构和功能材料，常被称为"太空金属"、"海洋金属"、"战略金属"[1-3]，成为航空、航天飞行器等领域的关键结构材料，并在舰船、石油、化工、冶金、电力、生物、医学等领域获得了越来越多的应用。

二、钛合金材料的优异性能

（一）比强度高

从表1、表2的数据可以看出，钛的密度小，约为1Cr18Ni9Ti不锈钢的57%、铜的50%，钛合金的比强度是高强钢的1.26倍、铝合金的1.38倍。应用钛及钛合金比强度高的特性，就可以降低结构重量，达到轻量化的目的。

表1 钛与其他金属材料密度和比强度的比较[4]

金属	钛（合金）	钢铁	铝（合金）	铜（合金）
密度/(g/cm^3)	4.5	7.8	2.7	8.9
比强度（平均）	29	23	21	7

表 2　钛与其他金属抗拉强度与屈服强度比较[4]

强度	钛合金 Ti-6Al-4V	不锈钢 316L	铝合金	铜合金
抗拉强度/MPa	960	620	470	550
屈服强度/MPa	892	310	294	210

（二）优异的耐腐蚀性能

从表3的数据可以看出，纯钛和TC4合金在90 d的高速冲刷腐蚀条件下没有失重，而B30合金、H59黄铜和紫铜都出现了较明显的腐蚀，并且腐蚀速度都彼此相差一个数量级。其局部深度腐蚀与一般腐蚀速度具有同样的规律，即纯钛和TC4合金的耐冲刷腐蚀性能最好。

表 3　海水高速冲刷腐蚀试验[4]

材料	腐蚀速度 g/(m²·d)	腐蚀速度 mm/a	局部腐蚀深度/mm	备注
TA2	0	—	0	表面无腐蚀
TC4	0	0	0	表面无腐蚀
B30	0.14	0.005	0.04	有轻微腐蚀
H59	1.20	0.052	0.20	有脱锌腐蚀
紫铜	19.88	0.811	0.35	呈不均匀腐蚀

注：介质为海水，流速为 8 m/s，时间为 90 d。

从表中可以看出，钛合金材料优异的海水耐蚀性是其他材料所无法比拟的，可以达到与装备同寿命；同时，可以大大降低装备的维修成本，由于几乎不腐蚀、没有氧化物等产生，保持了介质的洁净，提高了系统的稳定性。

（三）无磁性

钛合金材料的无磁性特性，可以提高装备的抗磁干扰性能，增加了隐蔽性，确保可以应用于潜艇壳体及舰船壳体。

（四）优异的生物相容性及低的弹性模量

与不锈钢等材料相比较，钛合金因弹性模量低（表4）、优良的生物相容性及加工成形性,近年来已经发展成为外科植入物用较理想的功能结构材料,随着科技的进步和临床应用的不断深入,医疗器械正在向长寿命、多功能、轻量化、低成本方向发展,所以钛合金是最理想的材料。

表4 钛与其他金属材料弹性模量的比较[4]

金属	纯钛	钛合金	不锈钢	普碳钢
弹性模量/GPa	106.3	113.2	199.9	205.8

(五)高的抗冲击和疲劳性能

高的抗冲击和疲劳性能,可以提高装备的抗静、动载荷的能力和抗海水周期性冲击的能力。

(六)钛及钛合金应用的缺点和不足

1. 钛合金的耐磨性差、表面硬度低

对于有相对运动的零部件,钛合金的耐磨性差、表面硬度较低,成了制约应用的瓶颈。可以通过表面硬化处理来提高表面硬度和耐磨性,如热喷涂、等离子渗氮、气相沉积、盐浴渗氮等方法。例如,采用一种气相沉积的方法,涂层厚度达 2~3 μm,硬度大于 2000 HV,表面粗糙度 $R_a \leq 0.8$,很好地提高了硬度和耐磨性。

2. 钛合金的生物相容性好,微生物易附着

钛合金材料生物相容性好、无毒无害,在环境温度较高时,反而导致微生物容易附着。可以采用防附着涂料(防腐漆、防污漆等),比如采用某种防附着涂料后,使底层附着强度从 5~6 MPa 提高到 10 MPa 以上。

3. 钛合金和其他金属形成电位差

钛合金与其他结构材料耦合使用时,钛合金在海水中的自然腐蚀电位比所有常用结构材料都高,所以其他结构材料都容易腐蚀,这是海洋结构件中选用钛合金构件需要考虑的问题。可以采用绝缘处理,如涂绝缘漆、阳极氧化、微弧氧化或气相沉积涂层等处理。例如,微弧氧化法可生成 10~20 mm 厚的氧化膜,提高表面电阻率。

三、钛合金与其他材料原料价格变化分析

图1至图3对比分析近10年的海绵钛、电解镍、电解铜、316L不锈钢的原材料价格变化趋势。

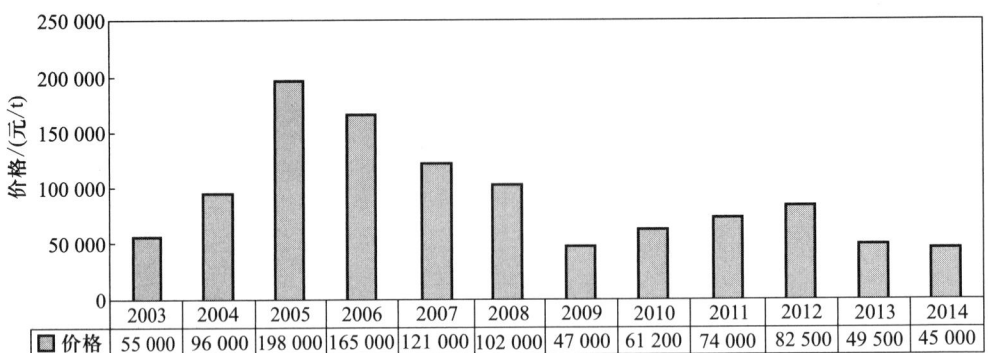

图 1 近 10 年海绵钛价格走势图

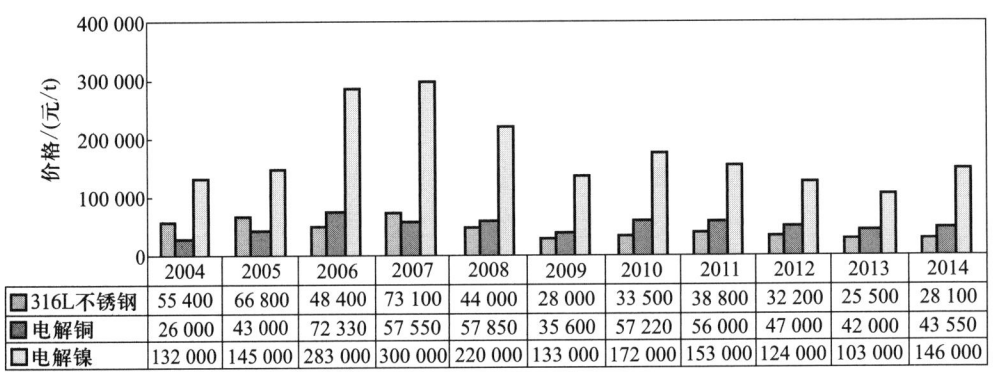

图 2 近 10 年多种金属价格走势图

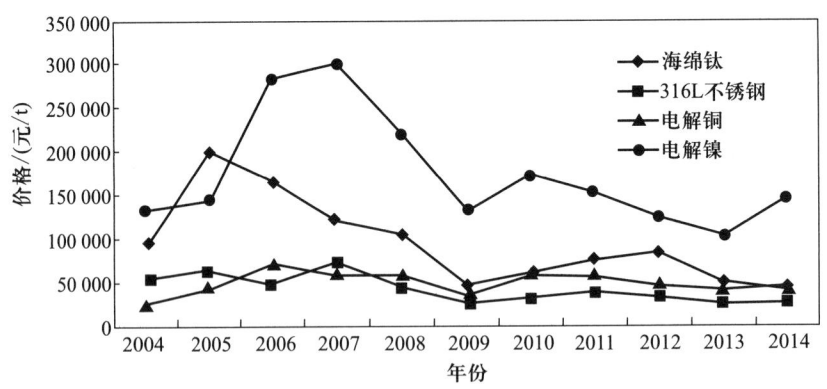

图 3 近 10 年多种金属原材料价格走势图

海绵钛价格近 10 年来波动较大,2005 年海绵钛价位最高时达到 198 000 元/t,然后海绵钛价格持续下跌,2014 年价格降至 45 000 元/t,最高价位与现在相差近 4 倍。

电解镍的价格在近 10 年内波动较大,2004—2007 年,电解镍价格从 132 000

元/t 上涨至 300 000 元/t,然后价格开始下降,2014 年跌至 146 000 元/t;电解铜从 2004 年到 2006 年持续上涨,最高价位 2006 年达到 72 330 元/t,然后价格持续下降,2014 年稳定在 43 000 元/t 左右;316L 不锈钢近 10 年来一直波动较大,从 2005 年的 66 800 元/t 上涨至 2007 年的 73 100 元/t,到 2014 年跌至 28 100 元/t。

从近 10 年的原材料价格分析可以看出,较之于电解镍、电解铜的价格,海绵钛的价格处于相对较低的价位,同时也是近 10 年来价格最低的时候,虽然相比较于不锈钢,海绵钛的价格稍微高些,但是在航空、航天、舰船等领域,钛材的高比强度、耐腐蚀、耐高温等优异性能优于不锈钢,所以综合分析,在目前的市场情况下,海绵钛价格处于一个较低的价格,这就为钛合金材料的普及和扩大应用提供了源头的保障。

从图 4 可以看出,2000 年我国海绵钛产量为 1905 t,2013 年中国海绵钛的实际产量为 100 856 t/a,13 年间我国海绵钛产量增加了 42 倍;2013 年产能达到 15 万 t,剔除未能启动或暂停调试的部分产能,实际在产或调试中的产能为 12.7 万 t,2014 年产能预计超过 15 万 t。

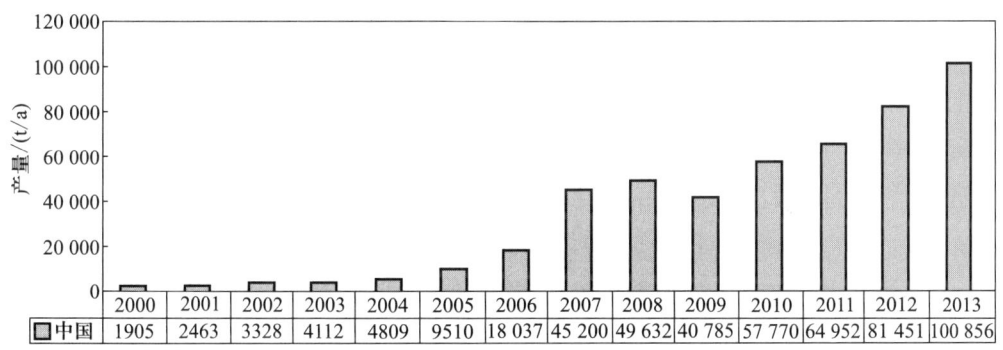

图 4　近年来中国海绵钛产量统计图

从图 5 可以看出,2001 年,我国的钛加工材产量为 4012 t,2013 年产量达到

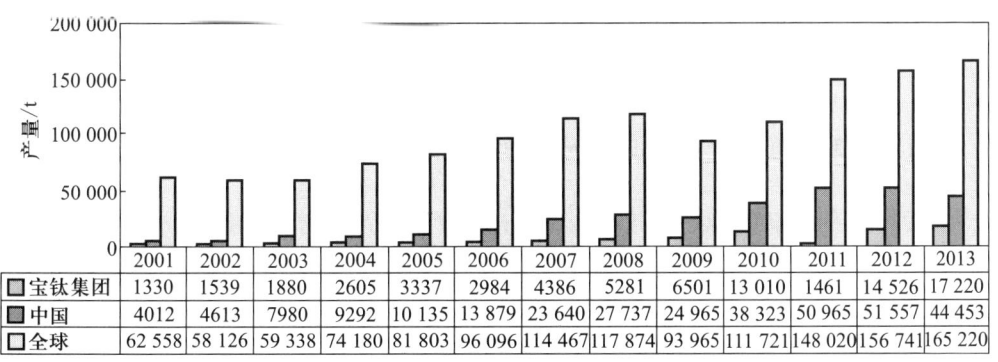

图 5　近年来全球、中国、宝钛集团钛加工材产量统计图

44 453 t,12 年间,我国钛加工材产量增加了 11 倍;中国最大的钛材加工企业——宝钛集团,2013 年产量达到 17 220 t,预计 2015 年年产量能达到 20 000 t。全国钛材产能 2015 年将达到 10 万 t。总体来讲,钛、镍、铜、铝等属于小金属,价格降低,产能提升,为市场的扩大应用提供了保障。

四、钛及钛合金材料应用经济性分析

随着钛材冶炼加工技术的快速发展,海绵钛价格和钛材价格处于一个合理的价位,为钛合金的扩大应用提供了保障。以舰船用钛合金为例,钛合金管道系统与传统材料制造的管道相比应用优势很大。俄罗斯研究了不同材料制造的管道系统,这些材料通常用于容器和船体表面,研究表明,传统材料(碳钢、不锈钢、铜合金)的服役期限大约是 2~10 年,服役期内必须进行维修,甚至是更换,特别是在高速推动环境作用下,各种接头都会产生局部腐蚀缺陷。钛合金只需要一次投入,与舰船同寿命,使用过程只需简单维护。同时应用在化工电解槽上,钛合金材料由于其优异的耐蚀性能及使用寿命,得到大量应用。

使用钛材的投资,可以表示如下[5]:

实际投资的方法考虑全寿命的投资而不是只考虑一次性投资;

全寿命内总投资=一次性投资+换装或大修费用+日常维护费用;

实际考虑的因素还有使用寿命、停产时间、洁净度对产品质量的影响,最终使经济效益得到极大的提高。

$$Q = Q_1 + nQ_2 + q_c$$

式中,Q 为设备服役期内总投资;Q_1 为设备一次性投资;n 为在寿命年限内的维修次数;Q_2 为设备每次维修费;q_c 为日常和其他维护费用。如设备使用 N 年,则转化为年(化)平均投资费用:

$$q = \frac{Q}{N} = q_1 + q_2 + q_c = \frac{Q_1}{N} + \frac{nQ_1}{n} + q_c$$

式中,q 为年平均投资;q_1 为一次性年平均投资;q_2 为年平均维修费用;q_c 为日常和其他维护费用。

(一)冷凝管道系统设备的投资比较

对表 5 中列举的管材费用进行全寿命分析比较,不考虑铜冷凝器每年维修费用、泄露换管费用、设备加工费等。

表 5 俄罗斯某舰艇舷外侧水冷凝管道系统的比较数据[6]

特征	合金	
	CuNiFe-1	TA2
密度/(g/cm³)	8.9	4.5
Ⅰ型管子标准尺寸/m	75×2.5	54×2
Ⅰ型管子单位长度重量/kg	5.2	1.5
Ⅰ型管长/m	28	28
Ⅰ型管总重量/kg	146	42
Ⅱ型管子标准尺寸/m	110×5	89×2
Ⅱ型管子单位长度重量/kg	15.4	2.5
Ⅱ型管长/m	115	115
Ⅱ型管总重量/kg	1768	288
Ⅰ和Ⅱ型管道的总重量/kg	1914	330
单根管材总价格/万元	7.656	3.366
允许的流速/(m/s)	≤2.5	10
平均服役期/年	8	30

按实际运行计算（单根管材）：

$$Q_{1铜} = 7.656 \text{ 万元} \quad Q_{1钛} = 3.366 \text{ 万元}$$

$$q_{铜} = \frac{管材的一次性投资}{寿命} = \frac{7.656 \text{ 万元}}{8} = 0.957 \text{ 万元/年}$$

$$q_{钛} = \frac{管材的一次性投资}{寿命} = \frac{3.366 \text{ 万元}}{30} = 0.112 \text{ 万元/年}$$

由计算结果看出，纯钛 TA2 使用 30 年时仍是一次性投资费用，钛合金年平均投资为 0.112 万元/年，铜合金年平均投资为 0.957 万元/年；同时铜合金管道的平均服役期是 8 年，而钛合金的平均服役期是 30 年。如果按 30 年计算，铜合金需要更换接近 4 次，按上述价格比和计算方法，全寿命分析后得出铜的投入是钛的 11.39 倍。

（二）与镍基合金、不锈钢设备的投资比较

如果将表 6 中的镍基合金 Inconel625 和 316L 不锈钢材质做成管材替代表 5

的 TA2 管材应用于舰艇舷外侧水冷凝管道系统,不考虑维修及维护费用。

表6 不同材料设备经济综合性分析[6]

对比项目	材料分类				
	316L	N6	B30	B10	钛合金
密度/(g/cm³)	7.8	8.9	8.9	8.9	4.5
相同设计设备重量比	1	1.09	1.14	1.14	0.58
价格/(万元/t)	2.8	28	14.3	10.08	11
相同设计设备价格比	1	11	5.8	4.1	2.27
海水运行期/年	2~5	20~30	10~15	8~10	20~30
全寿命经济性	差	高	一般	一般	高

注:表中设备重量比及价格比是以316L不锈钢为1作基数。

按实际运行计算(单根管材):

$Q_{1\text{Inconel }625} = 28.1$ 万元 $Q_{1316L} = 1.593$ 万元 $Q_{1钛} = 3.366$ 万元

$$q_{\text{Inconel }625} = \frac{镍基合金一次性投资}{寿命} = \frac{28.1}{30} = 0.936 \text{ 万元 / 年}$$

$$q_{316L} = \frac{不锈钢的一次性投资}{寿命} = \frac{1.593}{2} = 0.797 \text{ 万元 / 年}$$

$$q_{钛} = \frac{钛合金的一次性投资}{寿命} = \frac{3.366}{30} = 0.112 \text{ 万元 / 年}$$

由计算结果可以看出,纯钛 TA2 使用 30 年时仍然是一次性投资费用,钛合金年平均投资为 0.112 万元,Inconel625 镍基合金年平均投资为 0.936 万元,316L 不锈钢年平均投资为 0.797 万元;同时 316L 不锈钢的海水运行期是 2~5 年,镍基合金海水运行期为 30 年,但是镍基合金价格昂贵,并且重量较重。如果按 30 年计算,则全寿命内考虑钛合金经济性最高。

钛合金的比强度比 B30 高,钛材耐腐蚀性强,在制造设备时,在满足设计压力的前提下,材料厚度可以减薄。如发电站凝汽器用铜合金管(B10、B30)的壁厚为 1.5~2.5 mm,选用钛管后(TA2)的壁厚为 0.5~0.7 mm,重量减轻一半。湘澧盐矿钛材使用经济性分析如表7所示。

表7 湘澧盐矿钛材使用经济性分析

对比项目	材料分类		
	不锈钢	碳钢	钛合金
管材（规格/mm）	Φ89 mm×4 mm	Φ89 mm×4 mm	Φ89 mm×3 mm
每米投资/元	208	—	445
腐蚀情况	0.5年开始腐蚀	—	5年未发现腐蚀
氨蒸发器/（万元/台）	—	1.5	25
使用寿命	1~2年	10个月	25年
全寿命经济性	差	差	高

五、钛及钛合金降低生产成本关键技术分析

海绵钛的价格现在大约5万元/t，已达到历史的地位，甚至已低于自身的成本价格。钛材的价格主要由原料价格（海绵钛）和加工成本构成（忽略利税）。纯钛加工材的价格大约在10万元/t，两者的构成比例大约为1∶1，对于售价为15万~30万元的钛合金来说，比例在1∶1.5~1∶5或更多（表8）。因此如何降低加工成本，是我们关注的焦点。低成本钛合金制造技术也越来越得到行业内的重视，低成本钛合金材料的研发将会为钛材的扩大应用带来契机。纵观世界及我国钛合金研发生产的过程及新技术的应用，低成本钛合金生产过程中的关键技术主要有下面几个方面。

表8 钛材价格构成比例分析

材料	对比项目			
	价格/（万元/t）	海绵钛价格/（万元/t）	加工成本/（万元/t）	价格构成比例
纯钛板材	8~10	5	3~5	1∶0.6~1∶1
纯钛棒材	10~12	5	5~7	1∶1~1∶1.4
钛合金材	15~30	5	10~25	1∶2~1∶5

（一）低成本海绵钛制备技术

进入21世纪以来，我国海绵钛产能迅速扩大，2013年我国海绵钛产能已经

超过 15 万 t,究其原因,除了市场的影响外,主要在于我国的海绵钛生产企业通过不断地优化工艺,实现了全流程的海绵钛生产。

冶炼综合能耗大幅度降低,还原蒸馏炉每吨电耗 5460~6000 kW·h,海绵钛每吨电耗已降至 23 000~27 600 kW·h[4](表9),达到国际先进水平,这就为我国海绵钛生产的成本降低打下了基础,通过技术的不断进步,我国海绵钛产量得到快速发展。

表9 国内先进海绵钛生产企业主要经济技术指标

净镁耗/kg	还原蒸馏炉电耗/(kW·h)	总能耗/(kW·h)	$TiCl_4$/t	液氯/t	金属实收率(以 $TiCl_4$ 计)/%
25~46	5460~6000	23 000~27 600	4.07	4.5~5.8	97.4

同时,从目前的研究开发现状来看,采用 TiO_2 直接电解生产钛的新型熔盐电解法,减少了传统工艺中制备 $TiCl_4$ 的过程,缩短了生产周期,大幅度降低了生产成本。因而最有希望取代传统的海绵钛制备工艺,有望工业化连续生产,实现钛原料的低成本化。

(二) 低成本钛合金铸锭制备技术

1. 低成本钛合金的研制

针对钛合金成本比较高,国外研制了成本相对来说较低的钛合金。近几年在国内低成本钛合金研制也受到高度重视,通过合金设计、添加廉价的合金元素(如 Fe)代替昂贵的合金元素(如 V)等,开发低成本钛合金,扩大钛合金的应用。

2. 添加返回残料制备技术

在钛合金的生产过程中,由于熔炼、锻造、热轧、冷轧、管材挤压的过程中会产生一定量的残料,通过将残料清洗干净,按牌号分类后,可以以块料、屑料、捆绑电极的方式用真空自耗电弧炉(VAR)、电子束冷床炉(EBCHM)、等离子冷床炉(PACHM)熔炼的方式再次应用。

通过添加返回残料的方式,不但大大降低了部分牌号钛合金的生产成本,满足市场和客户的需求,也为残料的二次利用提供了有效途径。

3. 新型熔炼方式(电子束冷床炉、等离子冷床炉熔炼)

在钛合金的低成本制备过程中,通过缩短制造流程的方法也是一个途径,现在国际上生产大型优质钛合金坯料,应用新型的电子束冷床炉、等离子冷床炉熔炼技术,包括单次冷床炉熔炼直接轧制技术,生产低成本钛合金。

新型熔炼方式可以部分替代真空自耗电弧炉熔炼,从工艺流程上实现了短流程制造技术,省去了传统真空自耗电弧炉熔炼的油压机压制电极、真空焊接等工序,同时可以大量回收残料,实现成本的降低。

(三) 低成本高效、短流程钛合金轧制技术

在钛合金的生产工艺中,电子束冷床炉、等离子冷床炉熔炼完直接浇铸成扁锭,可以直接开坯,省去了锻造开坯的环节,缩短了流程;随着带式生产技术的发展,使得钛薄板和焊管产品的价格直线下降,如热连轧、冷连轧技术的快速发展,可以实现钛带的连续快速轧制,在线连续退火、酸洗、拉弯矫直,缩短了流程,实现了高效生产,降低了成本。

(四) 近净成形技术制备低成本钛合金

1. 3D 打印技术

3D 打印(3D printing),又称增材制造,是一种以数字模型文件为基础,运用粉末状金属或塑料等材料,通过逐层打印的方式来构造物体的技术。3D 打印技术无需原坯和模具,就能直接根据计算机图形数据,通过增加材料的方法生成任何形状的物体,简化产品的制造程序,可以解决难加工的复杂结构材料零件的制造,简化生产流程,提高生产效率,降低生产成本。

2. EPS 消失模壳型铸造技术

钛及钛合金精密铸造技术是一种先进的钛及钛合金铸件生产方法,其中,钛及钛合金 EPS 消失模壳型铸造技术,会降低钛及钛合金铸件的生产成本,简化工序,缩短生产周期,提高铸造精度、尺寸一致性、表面质量,减轻劳动强度,改善制模的操作环境,使得铸造模拟更加易于实现,完全满足市场上日益增长的对大型、薄壁、复杂、整体钛铸件的铸造要求,为钛铸件产业提供了更为广阔的市场前景,为钛铸件产业发展带来了前所未有的机遇。

3. 金属粉末注射成型技术

金属粉末注射成型技术(MIM)是将注射成型工艺和粉末冶金结合的工艺,MIM 作为一种近净成形技术,可以制造高品质、高精度的复杂零件,被认为是目前最有优势的成形技术之一[7]。

利用金属粉末注射成型技术,可以制造复杂零件;制品的各部位致密化程度高,即使是固相烧结,相对密度可达 95% 以上,性能可与锻造材料相媲美;尺寸精度高,可以最大限度地制得最终形状的零件而一般不需要后续机加工和磨削,因此降低了成本。

现在工业生产的 MIM 材料有:低合金钢、不锈钢、工具钢、高温合金、钛合

金、难熔合金、低膨胀系数合金、磁性材料、金属间化合物、氧化铝等。

六、结论

通过上述分析,使用钛合金的一次性投资已经低于铜合金,仅是不锈钢的2~5倍。从全寿命的角度考虑,其投资成本低于不锈钢和其他金属材料。特别是使用钛材后带来设备的轻量化、高速度、环境洁净,提高系统的安全可靠性、提高在线产品质量、提高经济效益等诸多优势。

目前国内钛产业高速发展,具有充裕的产能产量,而且钛材价格处于历史低位,保证了其经济性;技术的提升、新装备的引进、更新换代使得产品品质优化、规格大型化满足了用户的多样性要求。这些都为钛合金的推广应用提供了充分必要的条件。

参考文献

[1] 王镐,祝建雯,何瑜,等.钛在舰船领域的应用现状及展望[J].钛工业进展,2003(6):42-44.
[2] 莱茵斯C,皮特尔斯M.钛与钛合金[M].北京:化学工业出版社,2005:1-6.
[3] 莫畏.钛[M].北京:冶金工业出版社,2008:26-28.
[4] 邹武装.钛手册[M].北京:冶金工业出版社,2011:6-8.
[5] 石玉峰.钛技术与应用[M].西安:陕西科学技术出版社,1990:614-618.
[6] 蒋成禹,徐济进,严铿,等.俄罗斯海军用钛情况及我们的思考[J].钛工业进展,2003(6):32-34.
[7] 周廉.中国钛合金材料及应用发展战略研究[M].北京:化学工业出版社,2012:34-39.

李献民 1962年生,教授级高级工程师。本科毕业于中南大学金属塑性加工专业;研究生毕业于东北大学材料加工工程专业。毕业后一直在宝钛集团从事钛合金及其他稀有金属材料的研制生产工作。曾获得过省部级研究成果一、二、三等奖和发明专利多项。现任宝钛研究院副院长。

钒钛磁铁矿综合利用与钛白清洁生产新技术进展

齐 涛 等

中国科学院过程工程研究所
湿法冶金清洁生产技术国家工程实验室

摘要: 钒钛磁铁矿是我国重大特色资源,储量极其丰富,并伴生钒、钛、铬、镍、钴、钪、镓等26种紧缺战略金属资源,具有贫、细、杂、散等特点。长期以钢铁利用为导向的传统火法钒钛磁铁矿加工利用技术中铁、钒、钛资源综合利用率分别为70%、47%、15%,铬无法利用,造成严重资源浪费和环境污染。中国科学院过程工程研究所立足国内资源现状和重大需求,转变研发思路,将传统以钢铁利用为导向的火法流程,转变为钒钛为导向的火法与湿法联合工艺,针对我国典型矿区的资源特点创新性提出了钒、钛、铬资源高效清洁综合利用新流程,为我国钒钛磁铁矿资源利用开辟了一条新途径。

关键词: 钒钛磁铁矿;选择还原;熔盐法;钛白;氧化钒;亚氧化钛

一、引言

钒、钛是世界公认的紧缺资源和重要战略物资,广泛应用于钢铁、化工、航空航天、原子能及电子技术等领域,其中,钒被称为"现代工业的味精"。钒钛产业的发展规模与水平,对国民经济与国防建设有着重大影响。

钒钛磁铁矿为铁、钒、钛等典型多金属共伴生金属矿产资源,我国钒钛磁铁矿矿床分布广泛,储量丰富,已探明储量达300亿t以上,主要分布在四川攀西、河北承德、辽宁、广东、新疆等地区。攀西是我国钒钛资源最为富集的地区,现已探明的钒钛磁铁矿远景储量超过100亿t,保有储量为67.3亿t,其中,含钒(V_2O_5)1475万t,钛(TiO_2)5.93亿t,分别占全国钒、钛储量的63%和90.5%,分列世界第三位和第一位。辽西钒钛磁铁矿是近年来新发现的成矿地带,TFe平均品位低于圈定工业矿体的边界品位20%,属于超贫钒钛磁铁矿,资源总储量预计达百亿吨,是继四川攀西、河北承德后,全国又一储量丰富之地。

我国从20世纪60年代开始就非常重视国内钒钛磁铁矿资源的开发及合理

利用,经过广大科技工作者几十年的技术攻关,突破了关键技术,形成了以攀钢、承钢等企业为代表的钒钛磁铁矿"高炉炼铁—转炉炼钢提钒渣—钠化提钒"流程的大规模工业生产,但现有以钢铁为导向的传统冶炼和加工技术资源利用率偏低,钒钛磁铁矿中钒资源综合利用率仅47%,钛资源回收率不足15%,铬不能利用,资源浪费严重,且造成严重的环境污染,直接威胁长江上游生态环境安全。因此,建立钒钛磁铁矿资源高效综合利用的新方法,提高资源综合利用率,减少环境污染,具有重要意义。

针对目前钒钛磁铁矿综合利用存在的问题,中国科学院过程工程研究所转变研究思路,将传统以钢铁利用为导向的火法流程,转变为钒钛为导向的火法与湿法联合工艺,建立钒钛磁铁矿资源综合利用利用的主要学术思路和技术路线如图1所示。

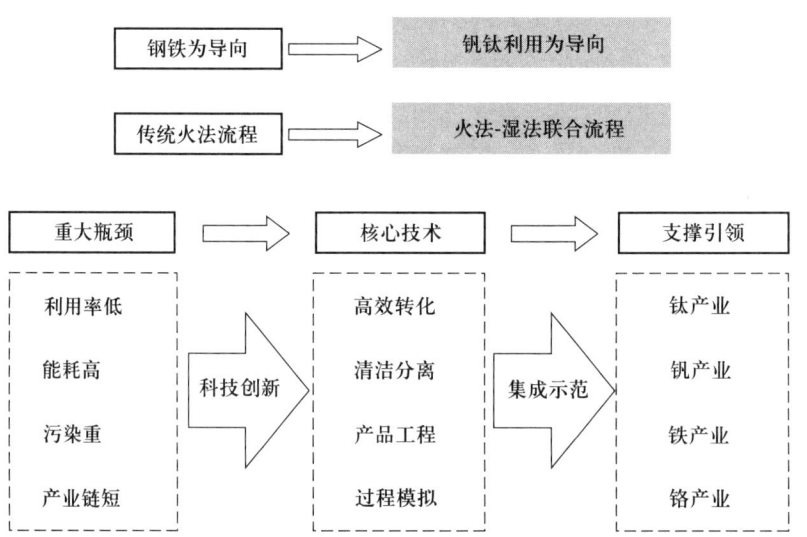

图1 中国科学院过程工程研究所钒钛磁铁矿综合利用的学术思路与技术路线

中国科学院过程工程研究所致力于研发钒钛磁铁矿铁、钛、钒、铬资源高效综合利用共性理论与技术体系,形成重大战略金属资源系统、先进、高效、清洁、经济可靠的整体技术方案,大幅度提高资源利用率,具体实施方式上应集成全国优势技术资源,建立产学研合作长效机制,发展新流程,实现产业化。

二、钒钛磁铁矿综合利用新技术

(一)钒钛磁铁精矿选择性还原提铁-熔盐法钒钛共提新技术

针对目前传统"高炉—转炉"流程工艺处理钒钛磁铁精矿中钛难以利用的

重大科技难题,中国科学院过程工程研究所提出了"钒钛磁铁精矿选择性还原提铁-熔盐法钒钛共提"新技术,该技术集成了"选择性还原装备强化+反应介质强化+过程强化"三个关键技术,新工艺利用"选择性还原+磁分/熔分"技术实现铁/钛钒铬的高效分离,利用"钛白清洁生产工艺"实现钒/钛铬的高效分离、酸-碱双循环和钛的高转化率,大幅度提高了钒钛磁铁矿中钒、钛、铁的利用率,为实现钒钛磁铁精矿的综合利用提供了新的可能途径。主要成果如下。

(1) 系统研究了钒钛磁铁精矿直接还原热力学和工艺(图2至图4),热力学分析表明:可通过控制还原温度等条件有效调控V和Ti的还原,实现与金属Fe的分离;研究了钒钛磁铁精矿的还原历程和还原过程中富铁相、富钛相的矿相结构转变机理,获取钒、钛、铁的赋存状态及其迁移规律;采用加入碱金属添加剂的方法强化了钒钛磁铁精矿的还原过程,在添加剂的强化还原作用下,金属化率最高可达96.5%。

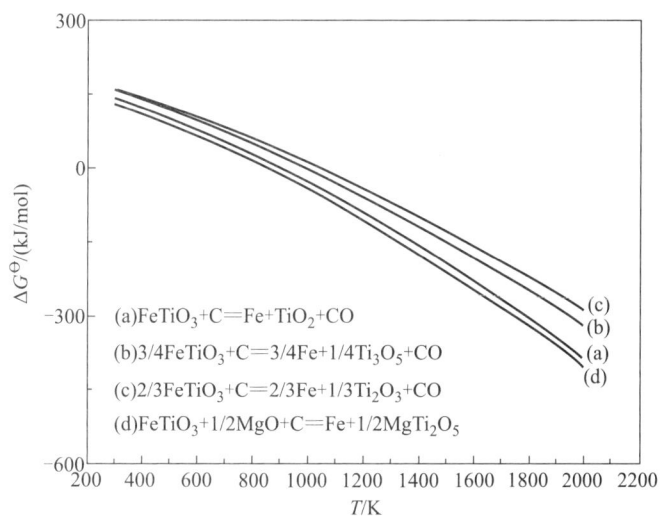

图2 固体碳还原钛氧化物热力学计算图

(2) 采用磁选分离工艺实现了金属化物料中铁/钒钛的分离,获得铁精粉和含钒钛渣(表1)。系统研究了含钒钛渣的矿物组成(表2),研究结果表明:含钒钛渣主要由黑钛石、辉石和金属铁组成;其中,金属铁多为单颗粒存在,少量呈粒度细小的蠕虫状被包裹于辉石和黑钛石中;黑钛石粒度细小,多为板状或不规则结晶体,分布于辉石中;辉石是主要的脉石组分,充填分布于黑钛石结晶体间,形成了钒钛料的主体(图5、图6)。磁选分离工艺实现了铁/钛钒的高效分离,Fe回收率为94.6%,TiO_2回收率为80.2%,V_2O_5回收率为81.7%。

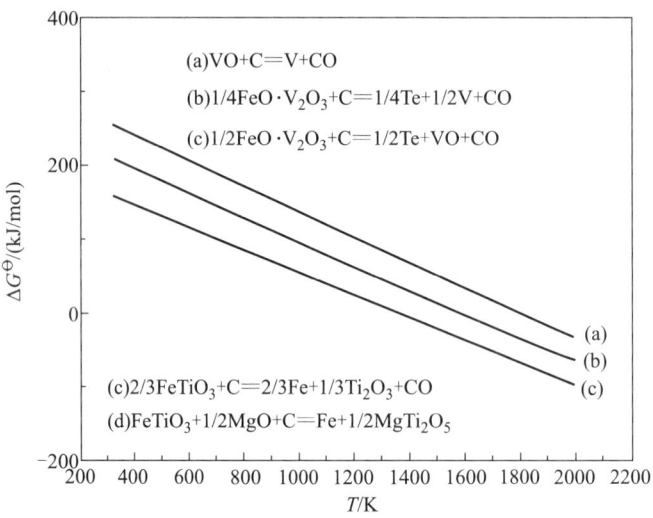

图 3　固体碳还原钒氧化物热力学计算图

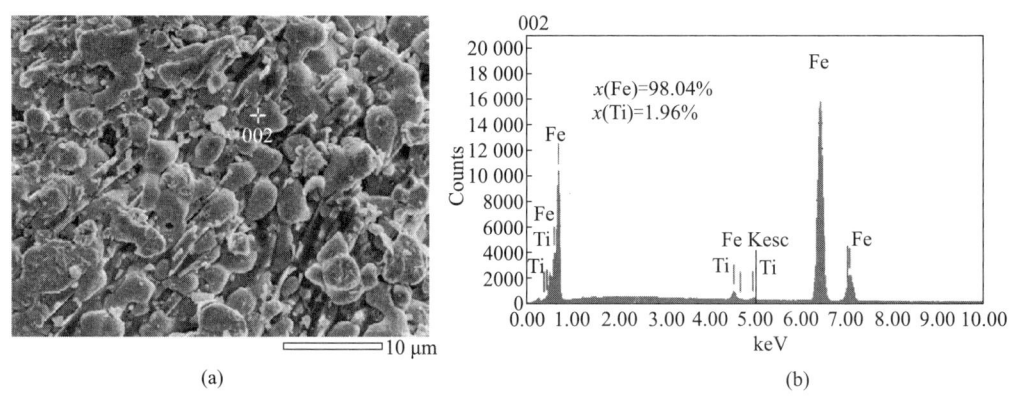

图 4　金属化物料的 SEM-EDS 图

表 1　铁精粉和含钒钛渣的化学组分(质量分数)　　　　　　　　　　单位:%

	TFe	TiO$_2$	MgO	Al$_2$O$_3$	CaO	MnO	SiO$_2$	V$_2$O$_5$
铁精粉	85.83	4.26	0.72	0.48	0.21	0.27	0.93	0.09
含钒钛渣	10.12	38.25	9.73	10.42	5.12	0.75	15.32	0.92

表 2　含钒钛渣的组成(质量分数)　　　　　　　　　　单位:%

单质铁	黑钛石	辉石	铁氧化物	其他(石英等)	合计
4.40	38.69	53.72	2.87	0.32	100.0

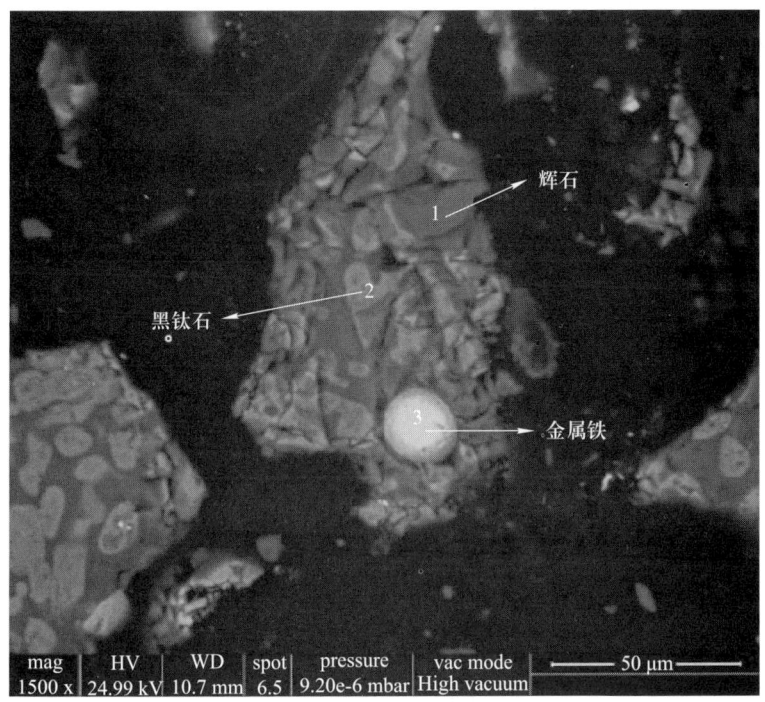

图 5　含钒钛渣 SEM 图

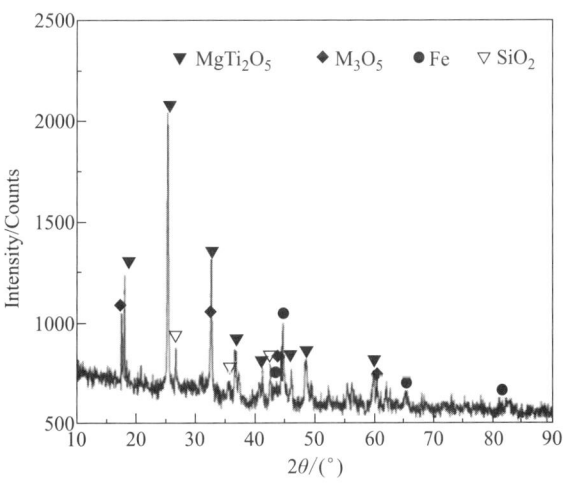

图 6　含钒钛渣 XRD 图

（3）构建了氢氧化钠熔盐-含钒钛渣反应新体系,研究了含钒钛渣熔盐反应的热力学、动力学和物相结构转化规律,结果发现含钒钛渣中 $MgTi_2O_5$ 转变为 NaCl 型结构的 Na_2TiO_3,M_3O_5(M = Ti, Mg, Fe)转变为 α-$NaFeO_2$ 型结构的 $NaMO_2$(图7、图8)。研究了熔盐反应产物在离子交换与分离过程中各元素的浸出规律、物相转变及分布走向,结果表明,在离子交换过程中,H^+取代了 Na^+ 进行交换,Na_2TiO_3 转变为无定形的 H_2TiO_3,$NaMO_2$($M=Ti$, Mg, Fe)转变 $\alpha-NaFeO_2$ 型结构的 HMO_2,该发现改变了钛酸盐中间体属于无定形结构的这一观点,是对熔盐法钛白理论基础研究的重要补充。优化工艺条件下钛转化率为 96.3%,熔盐反应产物经酸溶-水解-煅烧后,可获得晶型单一、颗粒均匀、球状的锐钛矿型 TiO_2(表 3)。新工艺中 Fe 和 Ti 的回收率分别为 94.65% 和 73.39%,77.94% 的 V_2O_5 进入到碱液,进一步处理可回收利用。

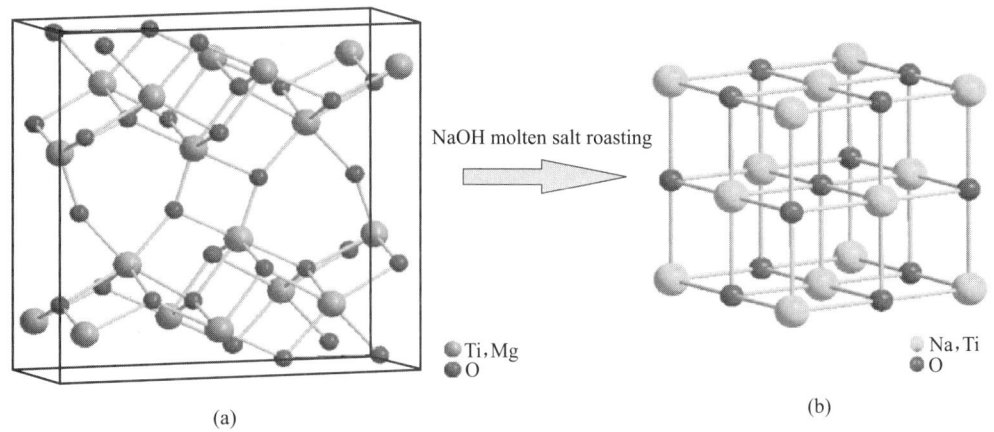

图 7　$MgTi_2O_5$ 向 Na_2TiO_3 的转变规律

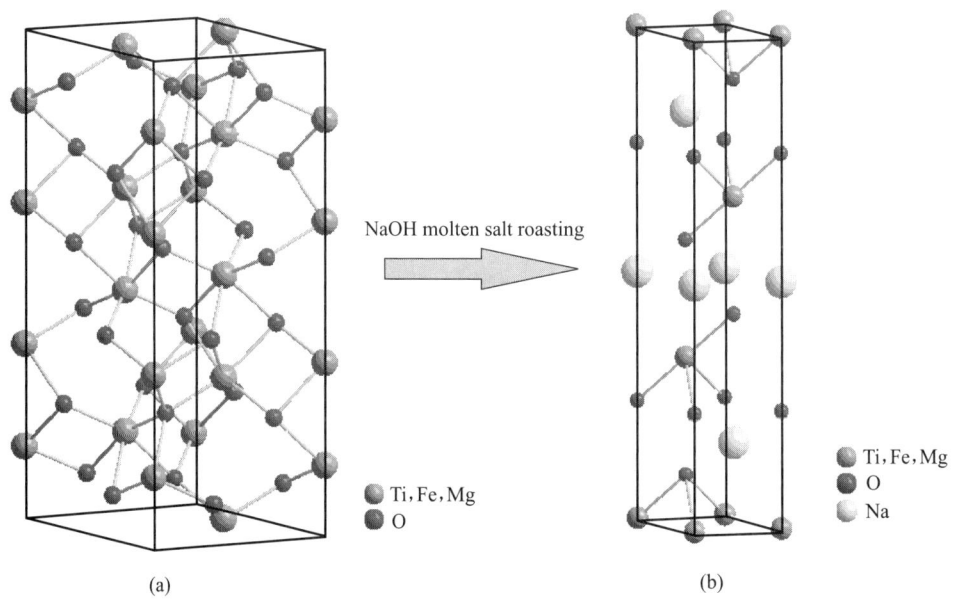

图 8　M_3O_5 向 $NaMO_2$ 的转变规律

表3　二氧化钛产品的主要化学成分(质量分数)　　　　　单位:%

TiO$_2$	Fe$_2$O$_3$	Al$_2$O$_3$	P$_2$O$_5$	SO$_3$	ZrO$_2$	SiO$_2$	Nb$_2$O$_5$
98.96	0.0003	0.055	0.042	0.113	0.022	0.025	0.004

(二)超贫钒钛磁铁矿高效利用新技术

我国超贫钒钛磁铁矿近百亿吨,含有大量的钒、钛、铁、铬等金属资源,由于矿石结构复杂、铁品位较低等原因,目前尚无成熟技术开发利用。团队以辽西超贫钒钛磁铁矿为研究对象,进行了有针对性的大量创新研究工作,形成了原创性的超贫钒钛磁铁矿中钛/钒/铁高效清洁利用新技术。该技术有望拓展至其他地区的超贫钒钛磁铁矿、含钒钛渣和含钒废催化剂等类似资源领域,预期将为该类资源开拓一条清洁-高效-综合利用新的可能途径。主要成果如下。

(1)系统研究了辽西超贫钒钛磁铁矿的工艺矿物学,查明了矿石中铁、钛、钒等元素的赋存规律及矿物组成。研究结果显示:矿石中的金属矿物主要有钒钛磁铁矿、钛铁矿,其次是褐铁矿、黄铁矿、黄铜矿、闪锌矿等,脉石矿物主要是辉石、长石和角闪石,其次是方解石、榍石、磷灰石、黑云母、石英、金红石等。钒钛磁铁矿与微细钛铁矿条带组成矿物集合体的形式产出,不能实现充分的单体解离,难以选别出合格的铁精矿和钛精矿(图9)。

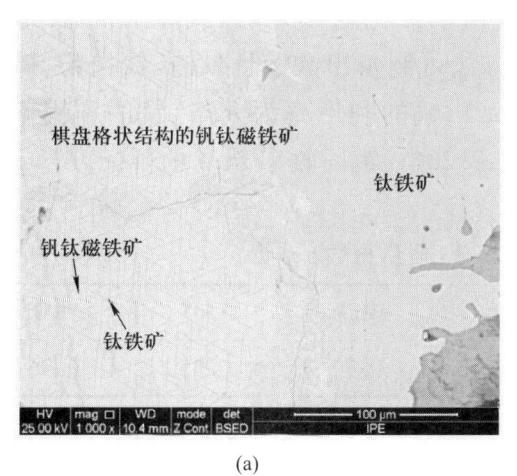
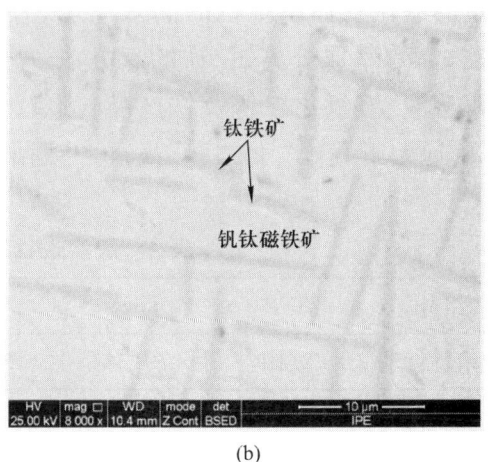

(a)　　　　　　　　　　　　　(b)

图9　矿石中棋盘格状钒钛磁铁矿与钛铁矿紧密共生情况

(2)针对辽西地区超贫钒钛磁铁矿的特点,为实现有价组分的深度、高效利用,依据清洁冶金原理,团队提出了火法冶金与湿法冶金技术相结合的新型工艺技术处理超贫钒钛磁铁矿混合精矿,具体的原则流程见图10。

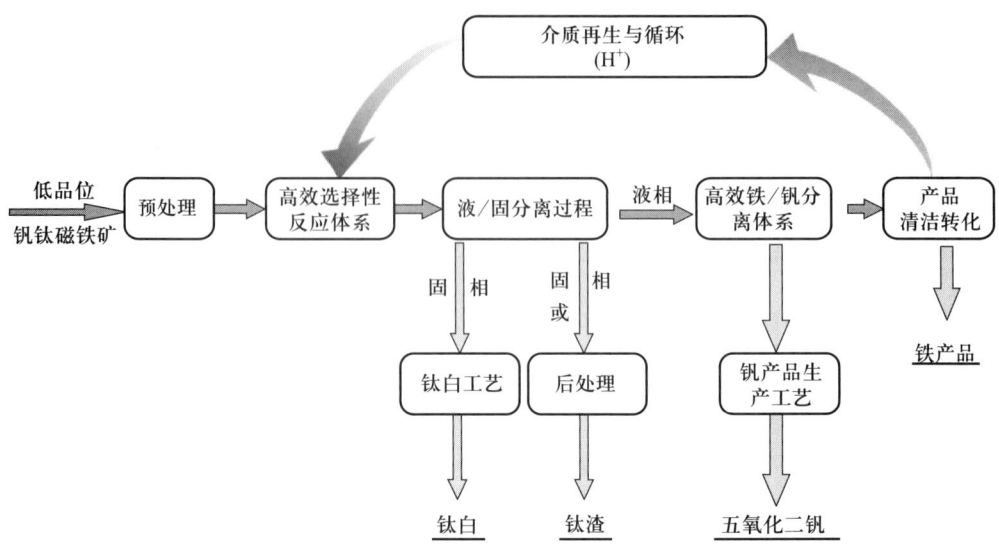

图 10 超贫钒钛磁铁矿混合精矿处理流程

新工艺具有以下创新点与技术优势：① 处理原料为混合精矿，选矿成本低；② Fe、Ti、V 的高效短流程反应分离与提取；③ Fe、Ti、V 的综合回收率高；④ 介质可循环利用。

（3）系统研究了钒钛磁铁混合精矿浸出过程中钒、钛、铁的浸出规律，实现了钒、钛、铁的选择性浸出与浸出规律的调控；通过研究高酸、高铁、多杂质、低钒含量的氯化物体系中钒的高效萃取，开发出了氯化物体系钒、铁离子价态/形态调控-高效萃取分离钒/铁的新方法。该方法可制备出酸溶性钛渣、钛白粉，硫酸氧钒溶液、五氧化二钒及铁产品（表4、表5），钒的利用率为82%，钛的利用率约85%，远大于我国"十二五"发展中钛回收率20%、钒回收率50%的目标。

表 4 酸溶性钛渣组分（质量分数）　　　　　　　　单位：%

组分	TFe	TiO_2	SiO_2	MgO	CaO	Al_2O_3
酸溶性钛渣	8.10	79.34	5.39	0.77	0.35	0.96

表 5 钒产品组分（质量分数）　　　　　　　　单位：%

	V_2O_5	Fe	Ti	Si	Ca	Al
IPE 产品	99.12	0.026	0.013	—	—	0.194
V_2O_5(99%)	≥99.0	≤0.30	无要求	≤0.25	无要求	无要求

（三）高铬型钒钛磁铁矿高效利用新技术

高铬型钒钛磁铁矿是我国重大特色矿产资源，储量极其丰富，且为铁、钛、钒、铬等多金属共生，具有很高的综合利用价值，但现有冶炼技术无法实现高铬型钒钛磁铁矿中铁、钛、钒、铬资源的高效综合利用。针对这一现状，依据清洁冶金原理，中国科学院过程工程研究所提出采用选择性直接还原与湿法冶金相结合的新型工艺技术处理高铬型钒钛磁铁精矿。新工艺运用冶金理论研究方法，建立新工艺高效分离和提取铁、钛、钒、铬等多金属的新理论和新方法，为红格矿区高铬型钒钛磁铁矿资源中钛、钒、铬的清洁高效利用提供理论依据和技术支撑。主要成果如下。

（1）为实现高铬型钒钛磁铁矿中有价组分的深度、高效利用，提出了采用选择性直接还原与湿法冶金技术相结合的新型工艺技术，具体的原则流程图见图11。

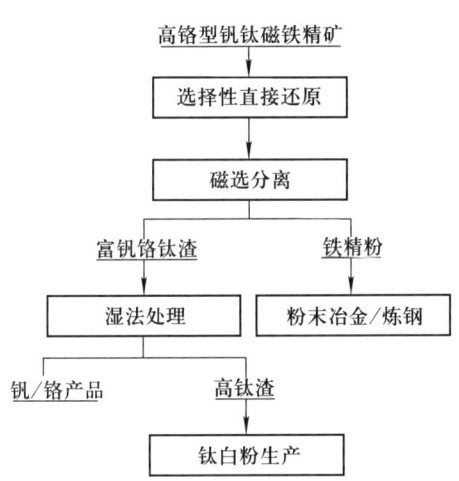

图11 高铬型钒钛磁铁精矿综合利用的原则流程图

（2）新工艺运用冶金理论研究方法，获得了铁、钛、钒、铬等在工艺过程中赋存形式的变化和迁移规律（图12、图13），并确定了高铬型钒钛磁铁精矿直接还原－磁选分离过程的优化工艺。

（3）高铬型钒钛磁铁精矿在还原剂的作用下发生选择性还原，将铁矿物还原为金属铁，而钛、钒和铬仍保持氧化物状态；获得的还原产物经物理分离方法（如磁选）实现了铁与钛/钒/铬的高效分离，得到的铁精粉可直接作为粉末冶金或炼铁、炼钢原料，而非磁性的钛渣采用湿法冶金技术（盐酸浸出－碱脱硅）进行处理，使其中的钒、铬等先进入溶液中再采用溶剂萃取技术进行分离和提纯，而钛保留在固相中，实现了钛与钒/铬的高效分离，并得到钒、铬产品和高钛渣，高

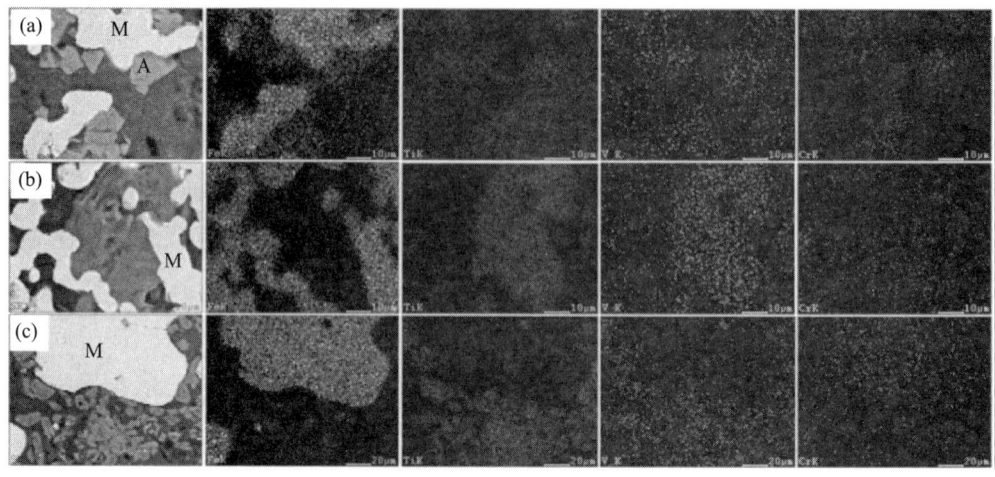

图 12 不同碳铁摩尔比下还原产物的元素面分布图

(a) C/Fe=0.8; (b) C/Fe=1.0; (c) C/Fe=1.2

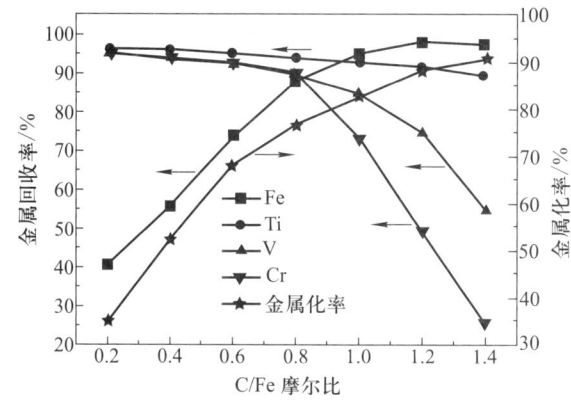

图 13 不同碳铁摩尔比下还原产物的金属化率及磁选分离过程各元素的回收率

钛渣可用作钛白粉生产原料。采用新工艺,铁、钛、钒、铬的回收率分别为 88.3%、93.7%、81.7% 和 84.4%,所得产品的化学组成见表 6。

表 6 新工艺所得产品的化学组成 单位:%

	TFe	MFe	TiO$_2$	V$_2$O$_5$	Cr$_2$O$_3$	CaO	MgO	Al$_2$O$_3$	SiO$_2$	MnO	Na$_2$O
铁精粉	94.57	91.00	1.28	0.08	0.12	0.22	0.68	0.49	0.36	0.04	0.09
高钛渣	0.45		93.39	0.23	0.31	0.27	1.62	1.63	1.52	0.04	0.00

三、熔盐法钛白清洁生产新技术研究

传统硫酸法钛白生产技术环境污染严重、流程长、工艺复杂,氯化法对原料的要求苛刻,钙镁总含量在 0.5% 以内,而攀西地区钛铁矿钙镁量高(CaO 1.6%~3%,MgO 6%~9%),难以作为氯化法原料。为解决国家重大特色钛资源的综合利用和钛白工业重大环境污染的难题,中国科学院过程工程研究所提出并成功研发了"钛资源高效转化-钛酸盐离子交换与水解-反应介质再生循环-产品质量精确调控"具有自主知识产权的熔盐法钛白清洁生产原创性技术,基于长期应用基础研究,先后突破多项技术难题,并与山东东佳集团合作建成国内外首个千吨级示范工程。

(一)新技术概述

新技术采用熔盐态的碱金属氢氧化物为反应介质,在常压、较低温度下实现高钛渣的高效高选择性转化。高钛渣被分解后,生成的钛酸盐在不同 pH 值条件下经深度固相离子交换与水解后形成偏钛酸;偏钛酸进一步煅烧、表面化学处理可得到锐钛矿型或金红石型钛白粉。通过反应介质的再生循环和相分离技术,伴生元素可分离纯化生产相应产品,从源头消减废酸、酸性废水和废气,实现钛资源全组分的深度资源化,大幅度提高资源利用率、降低能耗、降低生产成本。熔盐钛白清洁生产工艺中涉及的主要方程式如下。

熔盐分解单元:$TiO_2(s) + 2MOH(s,l) = M_2TiO_3(s) + H_2O(g)$ (1)

离子交换与水解单元:$M_2TiO_3 + xH_2O = M_{2-x}H_xTiO_3 + xMOH$ (2)

$M_{2-x}H_xTiO_3 + (2-x)H^+ = H_2TiO_3 + (2-x)M^+$ (3)

煅烧单元:$H_2TiO_3 = H_2O + TiO_2$ (4)

其中,M 为钠或钾。

新工艺流程图如图 14 所示。

新技术完全不同于现有的钛白生产方法,熔盐反应体系在较低温度下高效高选择性分解高钛渣,钛转化为钛酸盐;碱溶性杂质(如 Al、Si、Cr、Mn 等)反应形成相应的盐类并在随后的固相离子交换单元浸出至碱液中,实现杂质初步分离;酸溶性杂质(如 Fe、Ca、Mg 等)不参与反应并在深度离子交换-水解单元浸出至稀酸液中,而钛酸盐水解生成偏钛酸沉淀,两步实现钛与杂质的高效分离。分离后的杂质经进一步纯化生产副产品,反应介质(酸、碱)经浓缩净化后可循环多次使用。新工艺从生产源头解决硫酸法和氯化法生产钛白粉的重大环境污染难题,实现熔盐反应介质的再生循环。表 7 为钛白清洁工艺与传统生产方法的指标对比。

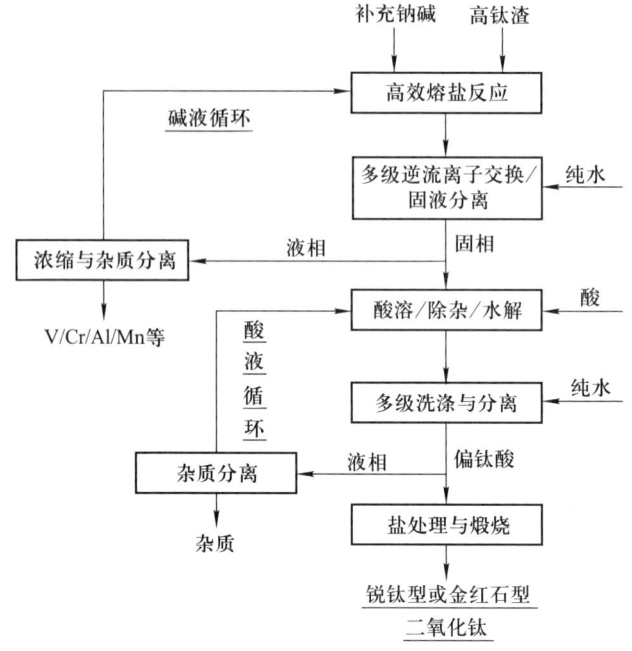

图 14　熔盐法钛白清洁生产工艺流程简图

表 7　钛白清洁工艺与传统生产方法指标对比

工艺	分解温度/℃	废物排放	钛回收率/%	适合矿种	投资
硫酸法	260~280	废酸、废水、废渣、废气	<80	钛铁矿钛渣	高
氯化法	960~1200	废渣、废气、废水	>95	高钛渣	高
熔盐法	200~500	废酸、酸性废气、废渣大幅减少,废水减少80%	>96	高钛渣钛渣	低

由表 7 可以看出,与传统硫酸法、氯化法相比,新工艺具有以下突出优势:① 钛回收率大于 96%,比硫酸法提高 10 个百分点以上;② 大幅消减废酸、废气、毒性废渣以及废水排放,实现多组分深度利用;③ 反应介质再生循环。

(二) 主要研究进展

1. 构建熔盐-钛渣高效反应新体系

碱熔盐可看作离子化溶剂,具有很高的反应活性,可将钛渣中含量约为 10% 的金红石矿相分解,而经硫酸分解后的酸解渣中仍存在未分解的金红石矿相,具体结果如图 15 所示。金红石矿相被分解的同时,钛渣中 TiO_2 同步反应生成钛酸钠(Na_2TiO_3),钛的转化率达到 97% 以上,与传统硫酸法相比提高了 10%。

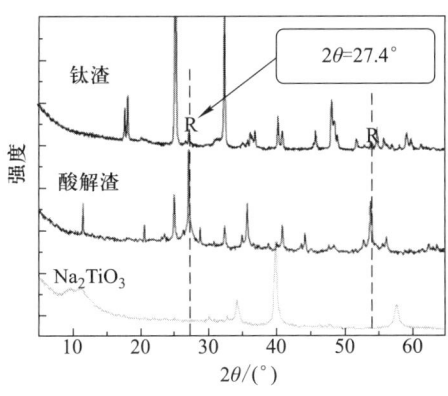

图 15　碱熔盐分解钛渣过程原料及产物 XRD 谱图

研究表明,高钛渣与氢氧化钠熔盐的反应过程,是高钛渣不断被氢氧化钠熔盐"腐蚀"的过程。在反应温度为450℃时,钠碱熔盐可以看成一类特殊的溶剂——离子化的高温溶剂,高钛渣在其中具有很高的溶解度,因此,可以推测,高钛渣与氢氧化钠熔盐的反应过程可以看作高钛渣在熔盐中不断溶解并发生界面反应的过程。

2. 离子交换与杂质分布

钛渣与碱熔盐反应的产物钛酸盐易发生水解反应,利用该性质,将熔盐反应物料进行洗涤,反应介质钠/钾离子与水中氢离子发生离子交换,以钛酸钠(Na_2TiO_3)为例,不同pH值条件下钠离子交换率曲线如图16所示。由图16可以看出,碱性条件下约90%钠离子浸出至液相形成一定浓度的氢氧化钠溶液,该溶液经除杂蒸发浓缩后可返回至熔盐分解单元循环利用。

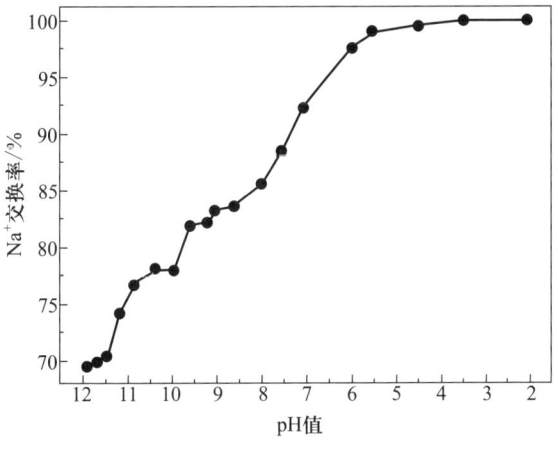

图 16　钠离子交换率曲线

同时,高钛渣中部分活性杂质如 Cr、Al、Si、Mn 在熔盐反应过程中生成相应的钠盐,该部分钠盐在洗涤过程中不同程度的浸出至碱液中,实现钛与杂质一次分离;杂质 Fe、Ca、Mg 随 Ti 进入水洗固相,经调低 pH 值浸出至酸液中,而钛形成偏钛酸沉淀,实现钛与杂质的二次分离。钛与杂质在液固相分布走向如图 17 所示。分离后的杂质经进一步分离纯化可生产相应高附加值产品。

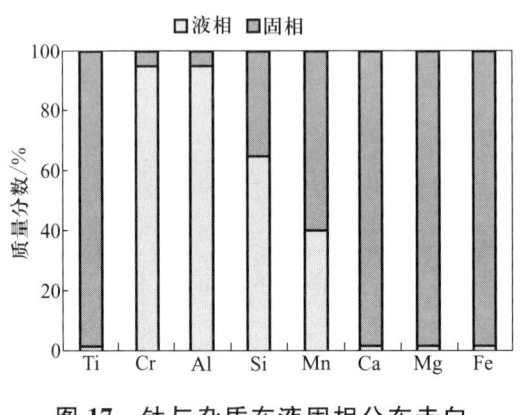

图 17 钛与杂质在液固相分布走向

3. 碱、酸介质循环

钛白清洁生产新工艺特点在于采用酸碱两种反应体系,优势在于酸、碱介质双循环,团队开展了较为系统的碱、酸介质循环工作。碱液中含有一定量铬、铝、硅、锰的钠盐,其中铬酸钠在碱液蒸发过程中结晶析出,铝、硅、锰三种杂质的去除方法如下。

(1)除锰:加入有机还原剂 $C_xH_yO_z$($x<5,y<10,z<5$)将碱液中的 Mn(Ⅶ)转化为锰的低价氧化物过滤去除,有机还原剂与碱液的体积比为 1∶200,90℃ 回流 2 min 即可将碱液中锰含量由 195 mg/L 降至 0.60 mg/L,结果列于表 8 中。

(2)除铝、硅:添加适量 CaO 将 Si、Al 转化为不溶性的硅铝酸盐[$Ca_{2.93}Al_{1.97}Si_{0.64}O_{2.56}(OH)_{9.44}$],过滤去除,反应温度为 70~90℃,反应时间为 30 min,实验结果列于表 8 中。

表 8 除杂前后典型的碱液组成 单位:g/L

物质	NaOH	Al	Si	Mn
原碱液	133	1.66	0.66	0.20
除杂后	123	0.53	0.09	0.0006

新工艺水解母液——稀硫酸中含有大量杂质离子,本研究采取扩散渗析法净化酸液,结果如表9所示。由表9可以看出,酸液经扩散渗析后回收液中杂质含量较低,完全可以循环利用。

表9　扩散渗析法净化酸液实验结果　　　　　　　　　　　单位:g/L

种类	Fe	Cr	Mg	Mn	Al	Ca	Si
酸液	4.23	0.023	0.37	0.68	0.11	0.14	0.010
残液	4.00	0.023	0.38	0.65	0.11	0.14	0.0078
回收液	0.14	0.000 41	0.0087	0.015	0.0011	0.003	0.0023

初步工程应用实例表明新工艺中碱、酸介质皆可循环7次以上再进行除杂净化,大幅降低酸碱处理量。

4. 短流程制备高浓度钛液

钛渣与碱熔盐反应产物钛酸盐经离子交换洗涤后,得到的含钛固体中间体为无定形态,具有优异的酸溶性,采用浓度低于50%的稀硫酸在50℃低温条件下便可完全溶解,一步制得高浓度钛液(220~260 g/L,以TiO_2计),实现高浓度钛液短流程制备,省去传统硫酸法中钛液蒸发浓缩单元,大幅度降低生产过程能耗。

采用聚焦光束反射测量仪(FBRM)原位控制偏钛酸粒子生长过程。高浓度钛液水解易于制备粒度分布较窄的偏钛酸,然而过程较难控制。团队采用FBRM在线原位检测高浓度钛液水解过程中偏钛酸颗粒形成过程,结果如图18

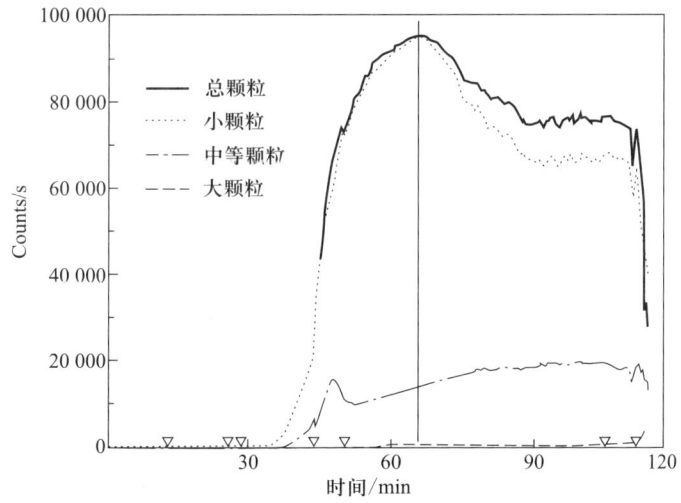

图18　FBRM在线检测水解过程

所示。由图18可以发现,30 min开始为晶核生成区,小颗粒迅速上升到最高点区域均为一次成核团聚区,在此区域胶体晶核之间脱水生成小颗粒偏钛酸,无大颗粒生成;小颗粒数目下降区主要是小颗粒缩聚成中等颗粒的过程,属于二次团聚区;小颗粒数目稳定区主要是极少部分中等颗粒团聚成大颗粒的过程。基于此,成功获得水解过程偏钛酸粒度控制优化工艺条件。

钛液水解动力学研究结果如图19所示,从图中可以看出,低浓度和低有效酸的水解曲线呈斜"C"形,而高浓度和高有效酸浓度钛液水解曲线呈"S"形,进一步验证高浓度钛液易于生成粒度分布较窄的偏钛酸。

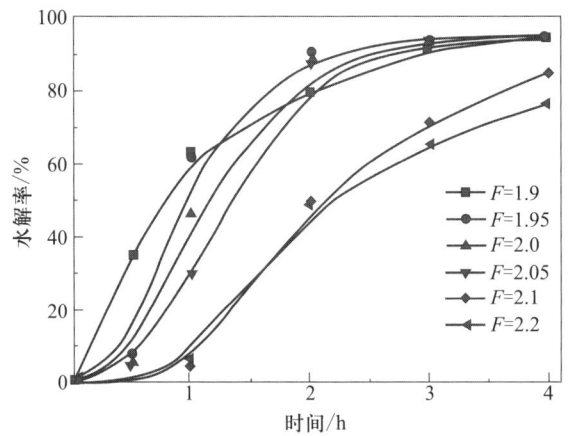

图19 有效酸值对钛液水解率的影响

5. 三价钛清洁还原新技术

成功研发了钛液连续直接电解制备三价钛溶液新方法,通过调整电解过程工艺参数可得到不同浓度三价钛溶液,该方法可完全替代传统硫酸法中采取铁粉、铝粉还原的方法。电解还原新方法具有清洁、高效、成本低等优点,已完成规模化放大试验,实验结果具有优越一致性,制备得到的三价钛溶液浓度最高可达120 g/L(以TiO_2计)。经测算,每制备1 t三价钛溶液,电解法成本为2500元,较铁粉还原法成本降低40%以上,较铝粉还原法成本降低70%以上。图20为连续电解设备图,图21为连续电解电效-时间关系图。

6. 钛白产品质量精确调控

水解得到的偏钛酸洗涤经离子掺杂、煅烧后可得到锐钛矿型或金红石型二氧化钛,煅烧过程涉及TiO_2粒子的成长和晶型转化等过程,颗粒大小与聚集程度是影响产品颜料性能的关键因素之一。对煅烧过程二氧化钛颗粒生长机制及金红石转化动力学进行了系统研究。通过测定颗粒比表面积的变化确定了二氧化钛颗粒生长符合体积扩散机制,结果如图22所示。

图 20　连续电解设备图

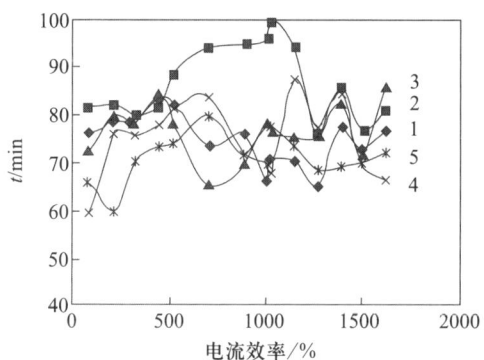

图 21　连续电解电效-时间关系图

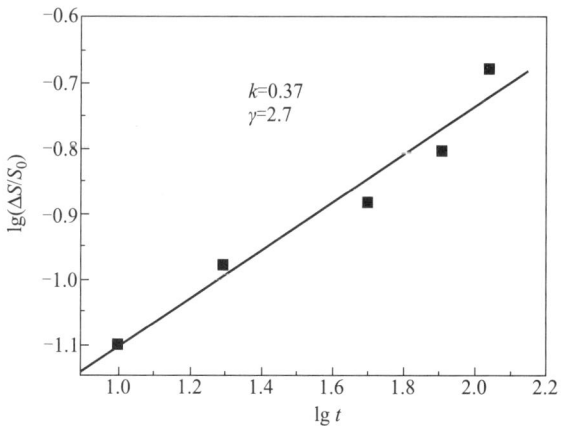

图 22　二氧化钛颗粒生长机制确定

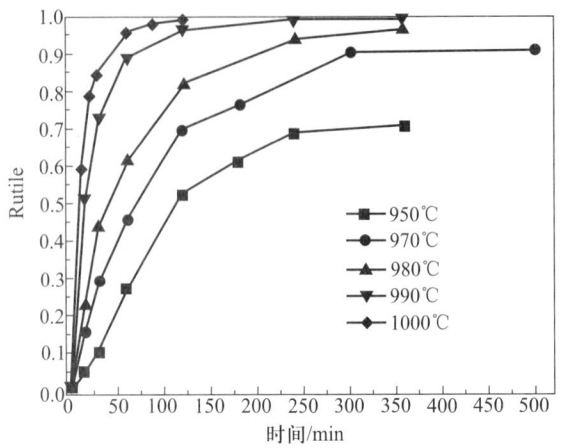

图 23 不同煅烧温度金红石转化速率曲线

同时对不同煅烧温度下二氧化钛金红石转化速率进行系统研究,结果如图 23 所示。研究发现,当金红石转化率低于 30% 时属于成核阶段,符合"一维形核-匀速生长"模型,表观活化能为 685 kJ/mol;当金红石转化率高于 35% 时属于相生长阶段,符合"随机成核-快速生长"模型,表观活化能为 819~840 kJ/mol,该研究结果对偏钛酸煅烧工业实施提供重要理论依据。

对熔盐法钛白清洁工艺窑下品进行 SEM 表征,并与市售富士钛产品(硫酸法生产)对比,结果如图 24 所示,由此发现,新工艺可以制备球形度高、平均粒径为 150 nm、分布均匀的二氧化钛粒子,其球形度及均匀程度均优于富士钛产品,经进一步表面处理,颜料性能优越。

(a)　　　　　　　　　　　　(b)

图 24 清洁新工艺窑下品与富士钛产品 SEM 图

(a)清洁新工艺窑下品;(b)富士钛产品

(三) 千吨级示范工程运行结果

熔盐法钛白清洁生产新技术千吨级示范工程建成于2009年5月,全流程包括5个工序,解决了核心设备放大、关键技术突破等系列难题,最终实现了全流程连续稳定运行。千吨级示范工程现场图片如图25所示。千吨级示范工程典型运行结果表明,钛综合转化率为97%,较传统硫酸法工艺提高10%;钛液浓度为260 g/L(以TiO_2计),钠离子循环率达90%,产品质量优于硫酸法。

图25 千吨级示范工程熔盐反应车间

熔盐法钛白清洁生产技术于2012年1月通过了由中国科学院组织的工艺鉴定,鉴定委员会专家组成员对该技术做出高度评价,一致认为:"新工艺资源利用率高,废弃物排放少,原料适用性强,主体工艺为国际首创,较硫酸法工艺更具技术经济和环保优势,推广前景好,该成果具有自主知识产权,钛资源亚熔盐高效转化-碱酸再生循环利用成套技术具有国际领先水平。"同年,熔盐法钛白清洁生产新技术将被国家发展和改革委员会列入"国家鼓励的循环经济技术、工艺、设备名录"。

此外,团队持续创新,将熔盐法钛白清洁生产技术成功拓展至以酸溶渣、天然金红石、富钛渣、黑泥为原料的钛白清洁生产技术,形成了系列集成技术。

四、亚氧化钛制备技术

钛白粉占据90%的钛产品市场,而高端钛产品所占比例很小,且部分特殊性能的高端钛产品主要依赖进口。钛资源应当走高附加值路线,以充分发挥其价值。钛金属材料是一个发展方向,而钛化合物功能材料是另一个发展方向。

亚氧化钛是符合Ti_nO_{2n-1}($3 \leqslant n \leqslant 10$)通式的系列非化学计量钛氧化物的通称,因其颜色通常为黑色,俗称钛黑(Titan Black)。1956年,Magneli首先发现钛的氧化物可在很大范围内以非化学计量形式存在,其中的大多数形式具有很好的导电性,后来这类物质也被称为Magneli相,其中,Ti_4O_7具有最高的导电性能(图26)。亚氧化钛无毒、热稳定性高,导电性优于传统惰性导电材料石墨,耐酸碱侵蚀能力强于金属钛,还具有特别高的析氢、析氧过电位,是理想的电极和电化学材料。基于课题组的低价钛电解制备技术,团队开发了分子设计法亚氧化钛制备工艺并开展了一些应用研究。

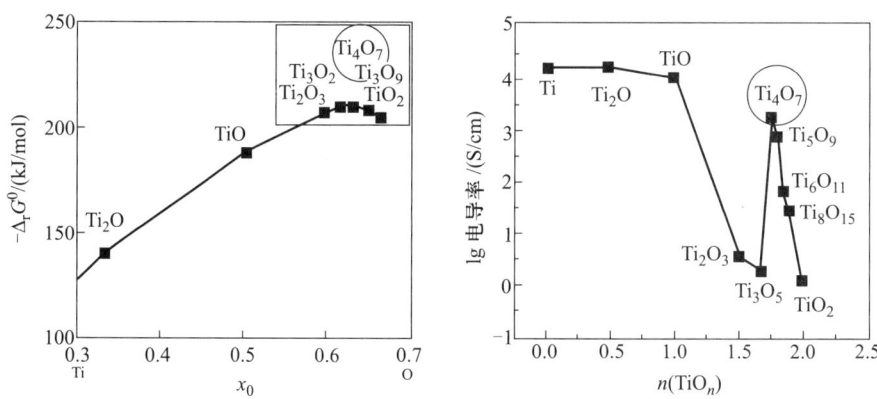

图26 1800 K时Ti-O二元系中各氧化物ΔG-x_0的关系以及不同钛氧化合物的电导率

亚氧化钛从其组成来看,就是Ti(Ⅳ)与Ti(Ⅲ)氧化物在原子水平的混合物,因此理论上可以通过向TiO_2中引入Ti^{3+}来制备。传统方法是采用氢还原使TiO_2中的部分Ti(Ⅳ)转化为Ti(Ⅲ)。由于不同钛氧化物的自由能差别非常小(图26),反应中很难控制还原程度,容易导致表层过还原而内部还原不充分,妨碍了Ti_4O_7含量的提高,最终降低了导电性能。

基于熔盐法钛白清洁生产技术中连续电解制备三价钛溶液的方法,设计了一种新颖的亚氧化钛合成技术。通过低价钛水溶液电解获得Ti^{3+},然后通过成分设计获得符合需要的中间体,最后通过低温煅烧技术得到符合需要的亚氧化钛。通过分子设计技术,绕过了传统氢还原方法区分困难的障碍,降低了制备条件并实现了成分可控,如图27所示。中试结果显示产品质量优异,高活性Ti_4O_7

成分超过90%,导电性能也因之提高(电阻率下降20倍以上,见表10)。通过本方法还可以合成高含量的特定组成钛氧化合物(表11)。

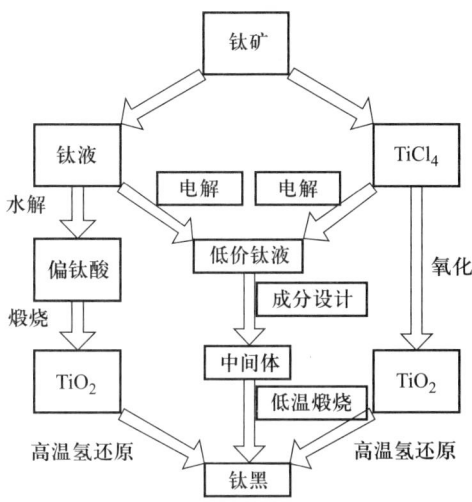

图 27　分子设计法技术流程

表 10　中试样品与氢还原法样品性能对比

样品	合成方法	物相构成		筛分粒度		电阻率	耐温性	耐酸碱性
市售样品	市售样品高温氢还原	Ti_4O_7	65.3%	+180目	17.1%	10.4	合格	合格
		Ti_5O_9	19.5%	中间	32.2%			
		TiO_2	15.2%	-325目	50.7%			
中试产品	低温新流程	Ti_4O_7	95.0%	+180目	1.3%	0.4	合格	合格
		Ti_5O_9	2.5%	中间	3.4%			
		TiO_2	2.5%	-325目	95.3%			

表 11　选择性合成高含量 Magneli 相亚氧化钛(XRD 精修定量分析)

目标组成	主成分含量/%	其余成分(以 TiO_2 计)/%
Ti_3O_5	98.1	1.9
Ti_4O_7	99.6	0.4
Ti_5O_9	89.1	10.9
Ti_6O_{11}	100.0	0.0
Ti_7O_{13}	91.5	8.5

亚氧化钛具有导电性好、耐腐蚀以及析氢析氧过电位高等优点,在电池及电化学过程中具有很大的应用潜力。据报道,采用 Ebonex 材料制成的双极板可以显著地提高铅蓄电池活性物质的利用率并减轻电池 40% 的重量[图 28(a)]。在电催化降解苯酚废水实验中,与硼掺杂金刚石以及低 Ti_4O_7 含量的亚氧化钛纳米管相比,纯 Ti_4O_7 纳米管阵列电极显示了更高的降解效率和电流效率[图 28(b)]。值得一提的是,亚氧化钛还显示了潜在的作为锂电池正极材料的应用,容量达到 182~191 mA·h/g。

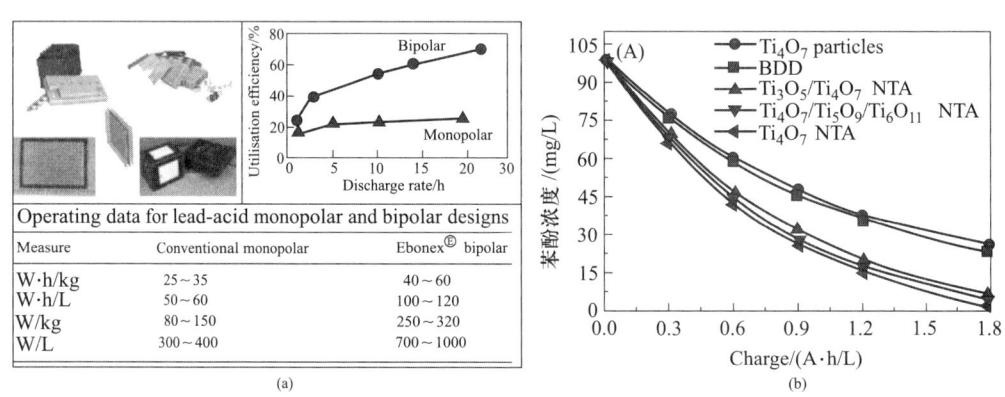

图 28 传统电池与双极性铅酸蓄电池尺寸和性能对比(a)以及电催化苯酚降解(b)

为考察亚氧化钛材料的应用性能,我们以合成的高含量亚氧化钛为原料,开展了多方面的应用测试。结果显示,作为导电添加剂可以提高锂电池放电电压,作为污水处理电极可以提高难降解物质的矿化率。在直接甲酸燃料电池中,与传统载体活性炭以及参照物 TiO_2 相比,负载于 Ti_4O_7 上的 Pt 或者 Pd 具有更高的金属性,并显示更高的催化活性和稳定性(图 29、图 30),有利于提高甲酸燃料电池的放电功率。

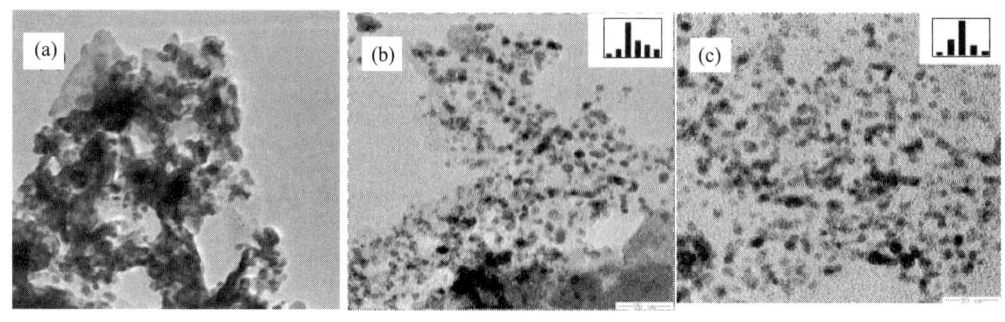

图 29 Ti_4O_7 负载催化剂 TEM 照片

(a) Pt 负载于亚氧化钛载体;(b) Pd 负载于亚氧化钛载体;(c) Pd 负载于 PDDA 功能化的亚氧化钛载体

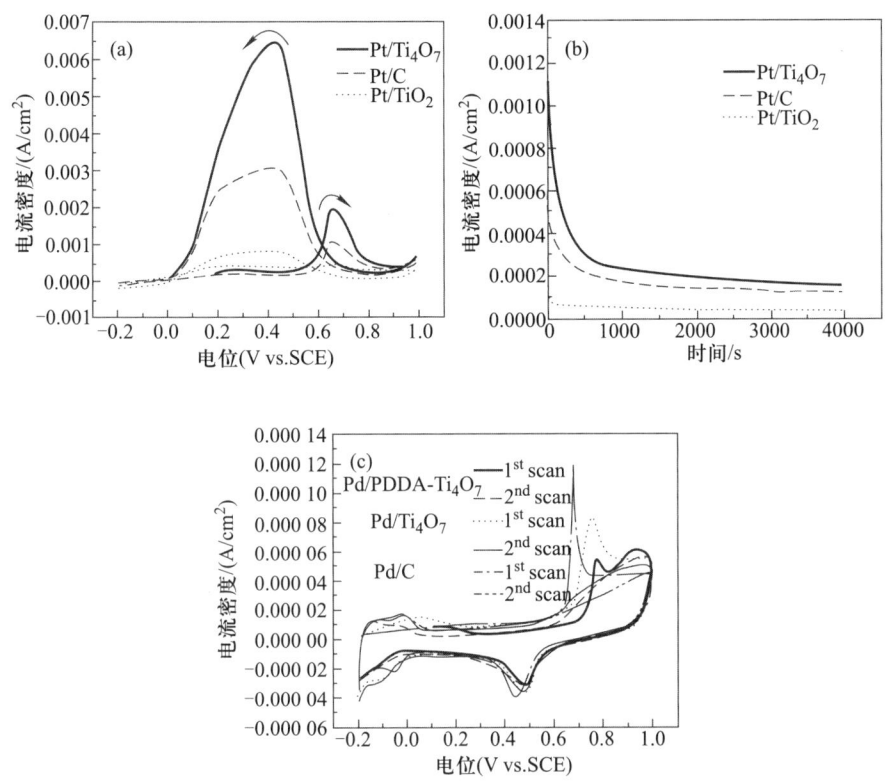

图 30 以 Ti_4O_7 为载体的催化剂电化学表征：不同载体上 Pt 的 CV 曲线(a)和 CA 曲线(b)，以及不同载体上 Pd 催化剂的 CO 脱附曲线(c)

五、结论与展望

（1）钒钛磁铁矿的开发利用需要集成社会优势技术资源，走清洁高效综合利用的新途径，建设生态化的有色金属工业园区。

（2）从国家层面集成各部委和地方优势资金、技术和工程化资源，建立共性技术平台，集中突破。

（3）研发针对资源特色的清洁生产新技术，大幅度提高资源利用率，源头减排，走创新驱动之路。

（4）建立产学研长效机制，实现资源科学、合理和可持续开发利用。

主要参考文献

陈德胜. 2012.钒钛磁铁精矿综合利用的基础研究[D].北京：北京科技大学.

杜鹤桂. 1996.高炉冶炼钒钛磁铁矿原理[M].北京：科学出版社.

李洁. 2009.熔盐法钛白清洁生产工艺产品表面包覆过程研究[D].北京：北京科技大学.

四川省矿产勘查开发局一〇六地质队.2008.攀枝花钒钛矿资源潜力评价报告[R].

王东.2013.富钛料为原料熔盐法工艺中熔盐反应和钛液净化研究[D].北京:中国科学院.

王伟菁.2014.熔盐法钛白清洁工艺中硫酸氧钛溶液的制备和水解机理的研究[D].北京:中国科学院.

王勇.2011.碱熔盐法制取钛白新工艺中掺杂及煅烧对产品质量影响的基础研究[D].北京:中国科学院.

薛天艳.2009.氢氧化钠熔盐分解高钛渣制备二氧化钛清洁新工艺的研究[D].大连:大连理工大学.

余志辉,齐涛,张绘,等.2014-03-26.一种电解还原制备高浓度低价钛水溶液的方法:中国,ZL2013106765178[P].

张绘,齐涛,杨轩,等.2014-03-26.一种制备具有指定还原率的三价钛水溶液的方法:中国,ZL201310677080X[P].

中华人民共和国国家发展和改革委员会.2012.钒钛资源综合利用和产业发展"十二五"规划[EB/OL].

Anderson S, Collen B, Magneli A. 1957. Identification of titanium oxides by X-Ray powder pattern[J]. Acta Chemica Scandinavica, 11:165.

Andersson S, Magneli A. 1956. Diskrete itanoxydphasen in zusammensetzungsbereich $TiO_{1.75}$-$TiO_{1.90}$[J].Naturwiss, 43:495.

Chen Desheng, Song Bo, Wang Lina, et al. 2011. Solid state reduction of Panzhihua titanomagnetite concentrates with pulverized coal[J]. Minerals Engineering, 24:864-869.

Chen Desheng, Zhao Longsheng, Liu Yahui, et al.2013. A novel process for recovery of iron, titanium and vanadium from titanomagnetite concentrates: NaOH molten salt roasting and water leaching processes[J]. Journal of Hazardous Materials, 244(245): 588-595.

Hayfield P C S. 2001. Development of a new material - monolithic Ti_4O_7 ebonex ceramic[M].RSC.

Wang D, Chu J L, Liu Y H, et al. 2013. Novel process for titanium dioxide production from titanium slag:NaOH-KOH binary molten salt roasting and water leaching[J].Industrial and Engineering Chemistry Research, 52(45): 15756-15762.

Wang Y, Li J, Wang L N, et al. 2010.Preparation of rutile titanium dioxide white pigment via doping and calcination of metatitanic acid obtained by the NaOH molten salt method[J].Industrial and Engineering Chemistry Research, 49(16): 7693-7696.

Xue T Y, Wang L N, Qi T, et al. 2009. Decomposition kinetics of titanium slag in sodium hydroxide system[J]. Hydrometallurgy, 95: 22-27.

Zhao L S, Liu Y H, Wang L N, et al. 2014. Production of rutile TiO_2 pigment from titanium slag obtained by hydrochloric acid leaching of vanadium-bearing titanomagnetite[J]. Industry & Engineering Chemistry Research, 53(1): 70-77.

Zhao L S, Wang L N, Qi T, et al. 2014. A novel method to extract iron, titanium, vanadium, and chromium from high-chromium vanadium-bearing titanomagnetite concentrates[J]. Hydrometallurgy, 149: 106-109.

Zhong B N, Xue T Y, Zhao L S, et al. 2014. Preparation of Ti-enriched slag from V-bearing titanomagnetite by two-stage hydrochloric acid leaching route[J]. Separation and Purification Technology, 137:59-65.

齐涛 1966年生,博士,研究员,博士生导师,中国科学院过程工程研究所副所长。国家杰出青年科学基金获得者,中国科学院"百人计划",湿法冶金清洁生产技术国家工程实验室主任,中国有色金属学会理事,"新世纪百千万人才工程"国家级人选,享受国务院政府津贴。主要从事两性金属资源清洁生产技术的基础与应用研究,以及资源高效-清洁-循环利用清洁冶金过程平台技术建设,开展了钒钛磁铁矿综合利用、钛白清洁生产、铬盐清洁生产、红土镍矿综合利用、氧氯化锆清洁生产等新技术的应用基础与工程放大研究,建成多项示范工程。近年主持和参加国家"863"计划、国家"973"计划、国家科技支撑计划、国家杰出青年基金等项目和课题9项。发表学术论文180篇,其中,SCI收录81篇。申请发明专利59项,其中,授权的国际发明专利1项、中国专利20项。荣获2005年国家技术发明奖二等奖(第三名)1项,1998年中国科学院科技进步奖一等奖(第九名),2003年中国科学院-拜耳启动基金奖。

研究团队主要成员包括:王丽娜、张绘、薛天艳、陈德胜、赵宏欣、初景龙、王毅、刘亚辉、余志辉、王伟菁、赵龙胜、杨轩、张国之。

钛合金产业链介绍及七二五所钛产业发展

李士凯

中船重工七二五研究所

摘要：从海绵钛冶炼、铸锭熔炼、钛加工材制备、钛制设备建造等方面介绍了钛合金全产业链概况，分析了钛合金全产业链在维护钛行业健康发展、提高钛产品制造技术和产品质量、降低钛产品成本和生产周期等方面体现出来的优势。并介绍了七二五所钛合金全产业链的情况，对产业链各环节涉及的技术、设备、产品进行了详细的论述。

李士凯 1978年出生，中共党员，博士，高级工程师，中船重工七二五研究所第八研究室副主任。长期从事钛合金成分设计、熔炼、变形加工、热处理、损伤容限性能、组织与性能规律控制等方面研究。主持总装预研、海装预研项目，科工局重大项目等多项。国内外发表中、英文科技论文30余篇，SCI收录5篇，EI收录1篇，申请国家发明专利12项（4项已授权）。

试谈我国海绵钛生产工艺的优化途径
——与业内同行商榷

阎守义

沈阳铝镁设计研究院有限公司
中国有色金属协会钛锆铪分会专家委员会

摘要：我国的海绵钛在近几年借助于国外技术得到飞速发展，国内技术除还原-蒸馏工序与国外技术差距不大外，其余工序均落后于国外。本文试着提出如何利用国外技术与装备使用本土原料，国内技术如何与国外技术对接的问题，与业内同行商榷。

关键词：电炉；氯化；精制；还原-蒸馏；镁电解

一、概述

近几年来，我国的海绵钛生产在飞速发展，产量已连续5年位居世界第一。世界上各种海绵钛生产方法在我国汇聚：钛渣生产有"密闭型电炉"、"半密闭型电炉"和"敞口型电炉"；氯化生产有美国、日本的"有筛板沸腾氯化"，前苏联的"熔盐氯化"及我国的"无筛板沸腾氯化"；精制有"有机物除钒法"、"铝粉除钒法"，还有我国自有的"铜丝气相除钒法"；还原-蒸馏有"半联合型I形炉"和"倒U形炉"；镁电解有"上插阳极的无隔板槽"、"下插阳极的无隔板槽"以及所谓的"多极槽"。

我国是钛资源储量丰富的国家，但可惜的是原料中杂质含量高、分离困难。如何利用引进的技术来使用我国本土原料，是摆在我国钛冶金生产者和钛白生产者面前一道难于逾越的障碍。

我国海绵钛的生产因长期发展缓慢，投入不足，几乎没有技术储备，除还原-蒸馏工序在单炉产能上可以和国外技术抗衡外，在其他工序均落后于国外。以致在近几年海绵钛生产的大发展中，不得不引进国外技术来满足发展的需要。但如何利用国外技术使用我国本土原料，尤其是在氯化、精制工序，则还有许多难题等待我们去破解。下面按照工艺顺序来提出问题，与业内同行商榷、探讨解决问题的办法。

二、钛渣及富钛料的生产

钛渣的生产最经典的方法是电炉熔炼法,该方法工艺简单、技术成熟可靠、流程短捷、效率高,不产生固体和液体废弃物(电炉烟气治理产生的固体和液体废弃物除外)。密闭电炉产生的煤气(或余热)可回收利用。而国内其他的富集富钛料的方法,尚显得不够成熟或不能满足市场需求。

矿热电弧炉的应用是从炼铁电炉和铁合金电炉开始的。钛渣熔炼不同于钢铁冶炼和铁合金冶炼,在冶炼性质上钢铁冶炼主要是熔融和精炼过程,而铁合金主要是熔融还原过程。在物料性质上,钢铁电导率极高,铁合金原料电导率较低,而钛渣电导率介于两者之间。熔炼钛渣是一个从铁钛氧化物的矿物原料中选择性还原铁使钛富集的高温冶金过程,并且钛渣熔点高、黏度大,所以炼钢电弧炉和铁合金矿热炉都不适合熔炼钛渣。只有专业设计制作的钛渣熔炼电炉,才能使生产顺利进行。

我国的钛渣电炉,也是从别的行业移植而来,由于研究开发初期投入不足,对钛渣电炉的研究与开发几乎是零。从严格意义上讲,我国目前在使用中的钛渣电炉也几乎完全不适用于生产钛渣。代表着当今世界先进钛渣生产技术的电炉应是:加拿大魁北克的铁钛公司(QIT)和南非理查兹湾矿业公司(RBM)的交流矩形密闭电炉;南非纳马克瓦砂矿公司(NSL)的直流-空心电极电炉;挪威 Tinfos 铁钛公司(TTI)的交流圆形密闭电炉;而前苏联地区的交流圆形半密闭矮烟罩电炉当属其次。南非纳马克瓦砂矿公司的直流-空心电极电炉代表着当今世界电炉最先进的理念。

我国的绝大多数钛渣电炉都属于敞口的小型电炉。无论是钛渣的生产商(超过 80 家)还是电炉的数量(200 台以上)都是世界第一。在国际上钛渣电炉都趋向于密闭大型化的今天,为何敞口的小型电炉在我国却大行其道呢?究其原因如下。

(1)小型电炉的技术含量低,容易建造,也易于掌握。

(2)我国的钛渣企业多数属于民营企业,资金短缺,短期内无力建造大型电炉,而小型电炉投资少,见效快。

(3)国内钛渣生产界存在一个误区:认为小型电炉可以生产高品位(指 TiO_2 含量高)的钛渣,而大型密闭电炉不易生产高品位的钛渣;事实是:加拿大 QIT 公司和挪威 TTI 公司都因原料中杂质含量高(类似于我国的攀枝花矿和云南矿),不能生产出高品位的钛渣,而南非矿杂质含量低,本可以生产出高品位的钛渣。但他们认为,钛渣中 FeO 的含量必须保持在 9%~11%,出炉时钛渣可以保持很好的流动性。如果采用过度还原的方法(我国的小型电炉均采用此方法)使 FeO

的含量降下来，钛渣的黏度增高，出炉困难。过度还原的方法也使电耗增高，经济上也不划算。所以他们不敢也不打算生产高品位的钛渣。

（4）地方政府和环保部门对小型电炉造成的严重环境污染监管不力，甚至放纵。

（5）国外的大型密闭电炉对我国进行技术封锁、不转让技术或转让技术费用高昂，大型密闭电炉技术含量高，不易掌握。

（6）国内对钛渣大型密闭电炉的研究与开发投入不足，导致我国钛渣大型密闭电炉的研究与开发进展缓慢。

国家多年来在钢铁、铁合金、电石、黄磷等行业淘汰的小型敞口电炉，在钛渣行业全面复活。我国的钛渣冶炼电炉是所有生产钛渣的国家中最落后的，不仅容量小，而且绝大多数是小型敞口电炉（仅部分 6300 kV·A 电炉有高烟罩），钛精矿不经处理就入炉熔炼，不仅能耗高，而且劳动强度大，劳动条件恶劣，对环境污染严重。渣铁从一个出口出炉，渣铁分离不好。由于炉子小出炉的铁水量也少，无法处理，附加值不高。所有的钛渣厂也远远不能达到规模效益。

好在最近几年，攀钢集团钛业公司从乌克兰引进了 25 000 kV·A 交流圆形半密闭矮烟罩电炉、云南冶金集团新立有色金属有限公司从南非引进了 30 000 kV·A 直流-空心电极密闭电炉，无论是从电炉的容量上，还是从电炉熔炼钛渣的理念上，都缩短了我国钛渣生产行业与国外先进技术的差距。

三、氯化生产

目前在我国海绵钛生产企业中，有三种氯化方法在使用，即美、日等国为代表的有筛板沸腾氯化法，前苏联的熔盐氯化法，我国自有的无筛板沸腾氯化法。

（一）美、日等国为代表的有筛板沸腾氯化法

以美、日等国为代表的有筛板沸腾氯化法，使用的是天然金红石、人造金红石或氯化法钛渣，这些富钛料中杂质含量少，而且这些杂质的特点是形成氯化物后挥发点也低，绝大部分随着反应生成的混合气体出炉，在炉外的收尘器中凝结并被收集下来，即所谓的"上排渣"。

澳大利亚天然金红石成分及其氯化物特点如表1所示。

经过几十年的使用、研究与开发，以美、日等国为代表的有筛板沸腾氯化法已是一套完美的生产流程，在海绵钛行业、钛白行业得到了广泛的应用。

我国已有企业在使用以美、日等国为代表的有筛板沸腾氯化法，使用的也是进口原料，如果改用中国本土含钙、镁较高的原料，则还需要做出重大改进。

表1 澳大利亚天然金红石成分及氯化物特点

成分	TiO_2	Fe_2O_3	ZrO_2	Al_2O_3	SiO_2	MnO	Cr_2O_3	V_2O_5
含量/%	92.8	4.0	0.38	0.71	0.62	0.04	0.20	0.35
氯化物	$TiCl_4$	$FeCl_2$	$ZrCl_4$	$AlCl_3$	$SiCl_4$	$MnCl_2$	$CrCl_3$	$VOCl_3$
沸点/℃	136	1030	331	180.5	57	650		127.2
熔点/℃	-23	670	437	192.4	-68	1190	1100	-77
成分	Nb_2O_5	P	S	PbO_2	As_2O_5	Th	U	
含量/%	0.40	0.06	0.02	0.04	0.03	160ppm	10ppm	
氯化物	$POCl_3$	S_2Cl_2	$PbCl_2$	$AsCl_3$				
沸点/℃	107.3	138	950	130.2				
熔点/℃	1.2	-76	501	-16				

（二）熔盐氯化法

熔盐氯化,是前苏联钛冶金工作者结合本土含钙、镁较高的原料,自行开发研究的一种生产 $TiCl_4$ 的工艺流程,是前苏联钛冶金工作者为利用本土原料CaO+MgO 含量较高的岩矿生产海绵钛做出的巨大贡献,广泛应用于前苏联地区的海绵钛生产企业。也是一种较为圆满的生产工艺流程,尤其是它采用的将泥浆及精制工序的低沸点馏分全部返回氯化炉控制炉内反应温度、限制出炉混合气体温度的手段,极大地降低了粗 $TiCl_4$ 中杂质的含量,为生产高品质海绵钛打下了良好的基础。

它的缺欠是为了降低炉内熔盐的黏滞度,在配料时按比例加入了 NaCl,这无疑增加了废熔盐的产生量[约 230 kg/t 粗 $TiCl_4$（视原料中杂质含量而定）];再就是含氯尾气的净化所产生的次氯酸钙或次氯酸钠,因量太大尚不能加以很好的综合利用。

我国已有企业引进了熔盐氯化工艺,应当说,这目前对很好地利用我国本土含钙、镁较高的原料是一种较为适当的选择。但是,对废熔盐的处理、对次氯酸钙或次氯酸钠的综合利用,已是摆在引进熔盐氯化工艺企业面前的一项迫切任务。

（三）无筛板沸腾氯化法

无筛板沸腾氯化是我国钛冶金工作者根据我国的原料情况而专门研究开发

的工艺,它是基于以美国、日本等为代表的沸腾氯化法不能处理我国本土含钙、镁较高的原料,而采用熔盐氯化工艺,又担心废熔盐难以处理的情况下而诞生的。这项成果可以说是我国钛冶金工作者为使用 CaO+MgO 含量较高的原料生产海绵钛做出的巨大贡献,在我国 $TiCl_4$ 生产企业得到了广泛的应用。

但是,由于后期投入的不足(包括人力),同时受到当时我国海绵钛生产产能的制约,对无筛板沸腾氯化的后续工艺如收尘、冷凝、淋洗、泥浆回收、尾气净化等没能进行更深一步的研究,以致我国的无筛板沸腾氯化工艺存在着氯耗高、泥浆回收困难、尾气净化投入高而又不易达标排放;不能连续生产(排渣时需停产),而不能连续生产又将影响镁电解的正常运行等不足。由于反应温度提高,硅、铝等杂质的氯化率也提高,造成粗 $TiCl_4$ 中杂质含量增加。尤其是其中的 Si_2OCl_6(氯氧化硅)极难去除,进而影响到精 $TiCl_4$ 的质量,并累及海绵钛的质量。另外,我国的无筛板沸腾氯化全部或部分使用未经煅烧的石油焦作还原剂,其中的挥发分在高温下与氯气形成复杂的有机化合物,比如 CH_2Cl_2、$CHCl_3$、C_2H_5Cl、CCl_4,碳酸衍生物如 $CHCl_2COCl$,这些化合物都会残留在粗 $TiCl_4$ 中从而影响海绵钛的质量。而熔盐氯化使用煅后沥青焦,不含挥发分,生产的粗 $TiCl_4$ 要比我国无筛板沸腾氯化生产的粗 $TiCl_4$ 的质量好,生产高品质海绵钛也比我国有着较多的优势。

无筛板沸腾氯化炉炉型及产能都偏小,不能满足大型海绵钛企业及大型钛白企业的要求。

基于上述不足,可以看出我国的无筛板沸腾氯化工艺存在着重大欠缺,尚需作出重大改进。

四、精制生产

随着氯化技术的引进,粗 $TiCl_4$ 精制技术也随之被引进,即引进美、日等国为代表的有筛板沸腾氯化,随之引进了有机物除钒法;引进熔盐氯化,也随之引进了铝粉除钒法;还有我国自有的铜丝气相除钒法,这样在我国除了 H_2S 无企业使用外,其余三种工业化除钒的方法都在我国得到了应用。

(一)有机物除钒法

有机物除钒法在美国、日本是得到广泛应用的除钒方法。引进该方法的我国企业在生产中应用也取得了成功。但我国自行研制的有机物除钒法却遇到了麻烦:有机物在加热过程中被炭化并与 $TiCl_4$ 发生聚合反应,生成的残渣量多,易在器壁上黏结成疤,不仅影响传热,而且极难清除。除钒后的 $TiCl_4$ 在冷却时,会析出沉淀物,堵塞管路和冷凝器。还有少量的有机物溶于 $TiCl_4$ 中,少量残余的

炭存在于精 $TiCl_4$ 中,不仅影响精 $TiCl_4$ 质量,而且波及海绵钛的质量。

有机物除钒法遇到的麻烦是否与我国的粗 $TiCl_4$ 中杂质含量高有关,还有待于研究。

(二) 铝粉除钒法

铝粉除钒实质上是 $TiCl_3$ 除钒。首先用精 $TiCl_4$、铝粉和氯气制成 $TiCl_3$-$AlCl_3$-$TiCl_4$ 浆液:

$$Al + TiCl_4 + Cl_2 = TiCl_3 + AlCl_3$$

然后将浆液定量加入粗 $TiCl_4$ 中,发生下面的反应:

$$VOCl_3 + TiCl_3 = VOCl_2 \downarrow + TiCl_4$$

除钒后的粗 $TiCl_4$ 再去精馏生产精 $TiCl_4$,用 $VOCl_2$ 去回收 V_2O_5,可以说,铝粉除钒是比较完美的除钒方法。

(三) 铜丝气相除钒法

在这三种除钒方法中,我国自有的铜丝气相除钒法是消耗最大、污染最严重、成本最高的一种方法。铜丝塔气相除钒不能连续生产,单台塔的产量低,严重制约了我国海绵钛产能的扩大。铜丝球的使用要求不断地活化其表面,而铜丝球的清洗又带来了污染,钒铜混合物无有效的回收手段。所以,我国的铜丝气相除钒法是必须摒弃的。

五、还原-蒸馏生产

还原-蒸馏在我国也有两种炉型:以抚顺钛业公司为代表的半联合型 I 形炉和以遵义钛业公司为代表的倒 U 形炉。前者目前有 2 t、3 t、4 t 及 5 t 炉,有的企业从乌克兰钛研究设计院引进了 7.5 t 炉;后者目前有 5 t、8 t、10 t 及 12 t 炉。

两种炉型各有优缺点,这里不再阐述。但这两种炉型有一个共同的特点:还原-蒸馏都在一个炉子内进行,还原过程的通风散热系统设计、通风散热制度及还原罐的尺寸不尽合理(从乌克兰引进的炉型除外),为了维持炉子的热平衡,不至于产生过多的热量而不能及时散发出去,往还原罐内的加料量仅仅能维持在平均 200~300 kg/h。否则,将会使还原罐内反应温度上升,导致生成致密性海绵钛,即所谓的"硬芯",从而使海绵钛的质量也受到影响。为了减少或避免这种现象的发生,不得不采取所谓"低温小料速"的办法。大大延长了还原反应的加料时间,占炉周期和占用反应器的周期都大大延长。这意味着要达到设计产能需要多建炉子和多设置反应器,不仅增加了投资,而且也相应增大了占地面积。每台炉子都设置了一套真空系统,有一半时间在闲置,也是一种浪费,也增加了投资。

根据在两家海绵钛生产企业的调查,这种还原过程的通风散热系统设计、通风散热制度及还原罐的尺寸不尽合理的炉子,在一个完整的生产周期内,还原所用时间大致与蒸馏所用时间相等,这是极不正常的现象。据报道,日本的海绵钛生产企业还原期间的平均加料量已达 500~600 kg/h,我国从乌克兰钛设计院引进的海绵钛生产线,还原期间的平均加料量也在 400 kg/h 左右。值得指出的是,从乌克兰引进的炉子,仍然是传统的将还原炉和蒸馏炉分开的半联合型 I 形炉,与国内的半联合型 I 形炉相比,无论是炉子的各项技术经济指标,还是产品的质量,都优于我国的炉子。

国内的半联合型 I 形炉单炉周期产能低,也难以取得较好的技术经济指标。

六、破碎包装

我国的海绵钛生产企业除了中航天赫、攀钢海绵钛厂以及云南新立公司引进了俄罗斯的破碎设备外,都在使用颚式破碎机以及冲击式破碎机破碎海绵钛。海绵钛在破碎过程中被反复地挤压、冲击,不仅对海绵钛的"海绵化率"造成了破坏,而且影响到了海绵钛的质量。进而在加工成钛材时影响了钛材的质量。

如何消除海绵钛在破碎过程中质量下降,寻求新的破碎机械及方法,也是值得关注的。

七、电解镁的生产

在国内众多的海绵钛生产企业中,目前实现了"镁氯"循环的仅有 4 家,正在建设(包括尚未投入使用的)镁电解的有 6 家,其余都是仅仅设置了"还原-蒸馏"的企业。

镁电解的建设在国内分成了两种槽型,一种是从乌克兰钛设计院引进的无隔板槽,一种是美国、日本使用过的所谓"多极槽"。

这两种槽型各有自己的优缺点,但后者在引进者的商业宣传下,将前者贬低得一无是处。这里需要指出的是:无隔板槽引进后,一直用于菱镁矿生产氯化镁再电解制镁的流程。现在看来,用菱镁矿生产氯化镁再电解制镁的流程是一个不成熟的流程,虽然经过多次技术改进,比如使用经过煅烧后的菱镁矿、将煅烧后的菱镁矿制球后再入氯化炉等,但仍然没有有效手段将菱镁矿中的有害杂质去除,而这些有害杂质又进入了电解质中,进而影响了电解槽的各项技术经济指标。

我们不否认目前引进的所谓"多极槽"与无隔板槽相比,有很大的优势,但由于引进者尚不完全掌握这种槽型的全部资料,因而关于电解槽的各类计算,母线的计算与合理的电流密度、电解槽的"三场"(电场、磁场与热场)计算等均无详细的资料,完全可以说将所谓的"多极槽"照搬过来。当然,优点、缺点也照搬过来,而引进者本身又不具备改进这些欠缺的手段。高昂的技术转让费用以及造价高的"多极槽",吞噬了钛厂建设镁电解带来的几乎全部效益,令企业苦不堪言。所以,所谓的"多极槽"在我国的应用也有许多工作要做。

以我国目前从还原器中排放氯化镁的制度,其中氧化镁的含量在0.2%左右,从乌克兰引进的还原工序采取下排氯化镁的制度,其中氧化镁的含量为0.2%~0.25%,而所谓的"多极槽"要求氯化镁中的氧化镁的含量≤0.1%,这会不会引起所谓的"多极槽""短寿"也有待观察。

我国已连续多年是世界第一产镁大国,占世界镁产量的80%。镁的来源比较容易,因此,我们也不必非走镁电解这条老路不可。由于生产海绵钛而得到的氯化镁非常纯净,可以用来生产高纯氧化镁,再将盐酸电解生成氢气和氯气,氯气返回氯化工序再利用。

$$MgCl_2+H_2O = MgO+2HCl$$
$$2HCl = H_2\uparrow + Cl_2\uparrow$$

我国已引进了盐酸电解技术,氢气液化后的用途很广,而高纯氧化镁的市场一直看好,这两种商品可以为海绵钛厂增添不少经济效益。

或者:

$$MgCl_2+Na_2CO_3 = MgCO_3\downarrow + 2NaCl$$
$$MgCO_3 = MgO+CO_2\uparrow$$
$$2NaOH+CO_2 = Na_2CO_3+H_2O$$

这种方法需要全部外购镁与氯气,镁的采购运输还好解决,而大量的氯气采购运输,确实需要认真考虑其复杂性与危险性。NaCl可用来制盐或出售给盐化工企业。

$$2NaCl+2H_2O = 2NaOH+H_2\uparrow + Cl_2\uparrow$$

八、海绵钛企业产业链的延伸

我国的海绵钛生产企业,大都做到将海绵钛破碎包装后便出售。海绵钛被破碎成成品后用"抽真空充氩气"的方式密封包装,但仍然不适应长期保存以及长途运输,并且也相应增加了包装和运输费用。因此,海绵钛生产企业应该延申企业的产业链,出厂产品应该为钛锭。大宗的纯钛锭、3Al-2V或6Al-4V锭在海绵钛企业生产,加工企业也可提出要求让海绵钛企业按订单生产。这样,不仅可以节约包装费用,运输费用也会降低。如果引进前苏联"巴顿"焊接研究所的"EB"炉,可将整坨的海绵钛坨送入"EB"炉熔化,则节约的费用更加可观。

九、结语

从上面的分析可以看出,我国在海绵钛生产各个环节上均落后于国外先进技术,所以在海绵钛生产大发展时期,大规模地引进了国外技术。但是,如何利用这些引进技术与国内技术对接、如何使用本土原料与引进装备对接,还需要我们做艰难而细致的工作,才能使我国的钛冶金事业跻身于世界先进的钛冶金行业。

主要参考文献

[1] 陈朝华,刘长河.2006.钛白粉生产及应用技术[M].北京:化学工业出版社.
[2] 马慧娟.1982.钛冶金学[M].北京:冶金工业出版社.
[3] 莫畏,邓国珠,罗方承.1979.钛冶金[M].第二版.北京:冶金工业出版社.
[4] 沈阳铝镁设计研究院与乌克兰钛研究设计院、俄罗斯稀有金属设计院交流资料.2009.
[5] 斯特雷列茨 Х Л.1981.电解法制镁[M].韩薇,霍光庶,宫常福,等,译.北京:冶金工业出版社.
[6] 杨绍利,盛继浮.2006.钛铁矿熔炼钛渣与生铁技术[M].北京:冶金工业出版社.
[7] 张永健.2006.镁电解生产工艺学[M].长沙:中南大学出版社.

附：

钛渣生产厂的装备水平与生产规模

区域	序号	单位	电炉容量/(kV·A)	台数	产能/t	备注
河北省	1	承德天福钛业有限公司	6300	4		
	2	宣化钢铁公司冶炼厂	1000	1		
			1250	1		
	3	承德钛通冶金有限公司	30 000	1		
			7000	3		
	4	下花园国爱铁合金厂	1250	4		
	5	张家口市下花园恒丰科技有限公司				
辽宁省	1	阜新金属熔炼厂	1250	6		
	2	沈阳易丰钛业有限责任公司	1250	4		
	3	沈阳市天顺达铁合金厂				
	4	阜新久星钛业有限责任公司	1800	11		
	5	辽宁国润集团有限公司	6300			
	6	抚顺富缘铝业有限责任公司	1800	3		
	7	辽宁铁岭龙鑫钛业新材料有限公司	1800	3		
	8	宽甸满族自治县鹤祥钛业有限公司	1800	2		
	9	凤城市千誉钛业有限公司	1800	5		
			3200	1		
			6300	1		
			7000	1		
	10	凤城市三勤耐火材料有限责任公司	1800	10		
	11	凤城市金誉钛业有限公司	6300	5		
	12	凤城市大梨树金翼钛业有限公司	1800	5台		
			2000	2台		
			3150	4台		
	13	辽宁佰宏矿产资源有限责任公司	6300	2		
内蒙古	1	内蒙新福金属冶炼厂	1800	4		
	2	蒙达冶炼有限公司	1250	4		

续表

区域	序号	单位	电炉容量/(kV·A)	台数	产能/t	备注
广西	1	广西巴马天润钛业高钛渣冶炼厂	6300	10		
	2	梧州市秀峰五金铸造有限公司	2500	2		
福建省	1	福建惠安县金光焊材有限公司	1200	4		
			1800	2		
云南省	1	云南新立有色金属有限公司	30 000	1		
	2	昆明云铜稀贵钛业有限公司	6300	3		
	3	禄劝邦胜矿业有限公司	1800	6		
			3600	2		
	4	云南兴陵矿业有限公司	1800	2		
			2xxx	4		
	5	富民赤就五星冶炼有限公司	1800	2		
	6	禄丰福铃钛冶有限公司	800	2		
			3200	2		
	7	云南省洱源华龙钛业有限责任公司				
	8					
	9	武定县盛源钛业有限公司				
	10	永仁盛源钛业有限公司	6300	2		
			3500	4		
	11	武定县永丰钛业有限责任公司	3600	3		
			2000	3		
			2500	2		
	12	武定县玉宏冶炼厂	2000	2		
	13	武定县武隆矿业有限责任公司	3500	8		
	14	永仁多凌钛业有限公司				
	15	武定武星钛业有限公司	3500	2		
	16	云南禄丰鑫旺经贸有限责任公司	2000	3、4		
	17	禄劝鸿雁矿业有限公司				
	18	禄丰永盛冶炼厂				
	19	云南省富民万达实业有限公司				

续表

区域	序号	单位	电炉容量/(kV·A)	台数	产能/t	备注
云南省	20	富民大营冶化厂				
	21	安宁云耀冶炼厂	3600	2		
	22	漾濞玉龙钛业有限责任公司	总3800	3		
	23	禄劝玉龙钛业	2500	1		
			1000	1		
甘肃省	1	甘肃力兴钛业有限公司	6300	1		
攀西地区	1	攀枝花金沙钛业	30 000	1		
	2	攀钢集团钛渣厂	25 000	3		
	3	攀枝花源通钛业有限公司	5000	2		
	4	攀枝花市旭东钛业有限公司	6300	2		
	5	攀枝花金港钛业有限公司	6300	10		
	6	攀枝花子达钛业有限公司	12 500	2		
			25 000	1		
	7	攀枝花大互通钛业有限公司	6300	3		
	8	攀枝花龙坤电冶有限公司	3600	4		
	9	攀枝花天旺钛业有限责任公司	6300	2		
	10	攀枝花金江钛业有限公司	30 000	1		
	11	盐边县伟健熔炼有限责任公司	1800	3		
	12	攀枝花市国钛科技有限公司	6300	2		
			25 000	1		
	13	攀枝花尚亿科技有限责任公司	隧道窑			
	14	攀枝花新中钛科技有限公司	湿法			
	15	钛都化工西昌分公司	6300	2		
	16	攀枝花钢城企业总公司	6300	2		
	17	攀枝花市奥磊工贸有限责任公司金江钛渣厂	12600（12600）	2（2）		
四川省	1	四川省西鑫钛业有限公司				
	2	成都金申钛业有限责任公司				

续表

区域	序号	单位	电炉容量/(kV·A)	台数	产能/t	备注
河南省	1	安阳市飞越实业有限责任公司	3200 1800	2 2		
	2	河南登封市德昌棕刚刚玉有限公司	3600	1		
	3	河南省淅川县玉典化冶有限责任公司	6300	4(12)		
	4	登封市洪鑫磨料有限公司	2000	1		
	5	河南佰利联化学股份有限公司	33000	2		

阎守义 毕业于东北工学院(现东北大学)稀有金属冶炼专业。毕业分配进入抚顺301厂51车间(现抚顺钛业有限公司)工作,从事海绵钛的生产及管理工作。1981年调入沈阳铝镁设计研究院工作,继续从事海绵钛及金属镁的设计和研究工作。1991年起,担任沈阳铝镁设计研究院总设计师,主管镁钛专业的设计及研究工作。现任中国有色金属协会钛锆铪分会专家委员会专家、中国有色金属协会镁业分会专家委员会专家。

浅谈如何保证海绵钛产品质量的稳定

张金宝[1),2)] 胥 永[1)] 张 军[2)] 李虹昭[1)]
付 永[1)] 张廷安[2)]

1) 朝阳金达钛业股份有限公司；2) 东北大学材料冶金学院

摘要：海绵钛作为钛合金的主要原料对钛合金铸锭质量有遗传性影响,本文主要从海绵钛工艺的稳定性、海绵钛生产设备、海绵钛缺陷颗粒的控制三个方面进行讨论,研究提高海绵钛产品质量稳定性的措施方法。朝阳金达钛业股份有限公司通过自主研发成功的专用海绵钛系列产品,在不断为客户提供满意产品的同时,也开启了国内海绵钛企业为下游客户提供满意产品的一种新模式。

关键词：海绵钛；质量稳定性；工艺稳定性；生产设备；缺陷颗粒控制；专用海绵钛

一、引言

海绵钛作为钛合金的主要原料对钛合金铸锭质量有遗传性影响,要控制钛合金铸锭质量,应该重点关注海绵钛的产品质量。海绵钛间隙元素偏析会产生不均匀的组织,形成一种脆性缺陷,这种缺陷会严重影响钛合金的质量。如Ⅰ型α夹杂,它与周围材料相比,具有一个更高硬度的α间隙相的稳定区域。它是由一种或者多种高浓度且在规定浓度之外的元素产生,包括N、O或C元素,这种类型的缺陷会导致飞机出现灾难性的故障。这些低密度夹杂是钛合金中最危险的缺陷,解决这些问题的关键需要保证海绵钛具有稳定的质量和均匀的成分。在熔炼钛合金时通常用氧、氮、碳、铁元素来提高钛合金材料强度、保持适宜的材料塑性。这些元素的波动通常会导致材料性能的波动,其稳定性和均匀性也成为衡量钛材质量好坏的重要标准,越来越多的钛合金生产企业开始重视原材料海绵钛的产品质量。海绵钛产品其成分均匀、质量稳定,在熔炼过程中容易熔化均匀,更容易控制好钛锭的质量,备受客户的欢迎。

二、海绵钛产品质量稳定性控制措施

对于海绵钛产品质量稳定性的研究,本文主要从工艺稳定性、海绵钛生产设备和海绵钛缺陷料的控制三个方面进行讨论。

(一) 工艺稳定性

近几年国内海绵钛的生产工艺没有大的变动,仍然以采用镁热还原法为主。海绵钛生产企业主要通过引进先进自动控制仪器和监控设备,保证海绵钛工艺参数的精确控制,稳定的生产工艺保证了 Fe、O、N、C 等杂质元素常年保持在一个稳定的水平上。图 1 是金达海绵钛的指标分布情况,从图中可以看到 Fe、O、N、C 元素的含量有较好的稳定性。由于不同企业之间的炉型和产量不同,生产出海绵钛颗粒的致密度不同,最终导致海绵钛产品的松装密度差别较大。海绵钛的松装密度与产品的还原蒸馏工艺及破碎工艺有直接的关系。合理的还原蒸馏工艺不仅能够保证海绵钛中的铁、氯元素含量较低,还能够避免钛坨中出现大量的硬芯料,降低产品的疏松度。

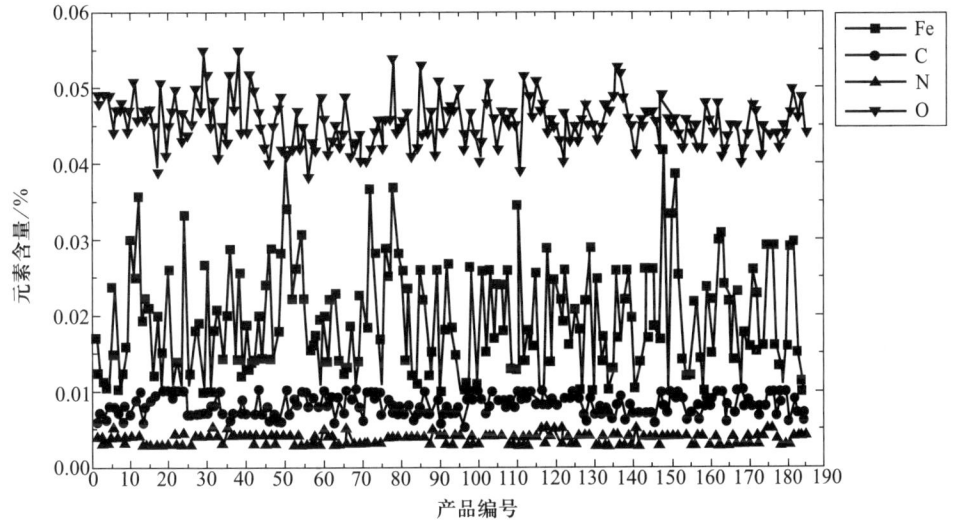

图 1 金达海绵钛产品化学指标

目前海绵钛行业对 Fe、O、N、C、H、Mn 等元素控制较好,工艺上重点解决的问题在于降低海绵钛中的氯含量和提高产品疏松度,越来越多的企业开始重视产品的疏松度。较疏松的海绵钛压制电极块的密度均匀,熔炼过程更容易控制,挥发性杂质能很好去除。松装密度与蒸馏工艺有一定关系,采用最佳真空系统组合、先进的真空计、改进冷却速度等措施都能有效地保证产品具有较好的疏松度。图 2 是取自金达钛业股份有限公司海绵钛产品的松装密度数据,松装密度范围为 $1.2 \sim 1.4$ g/cm^3。

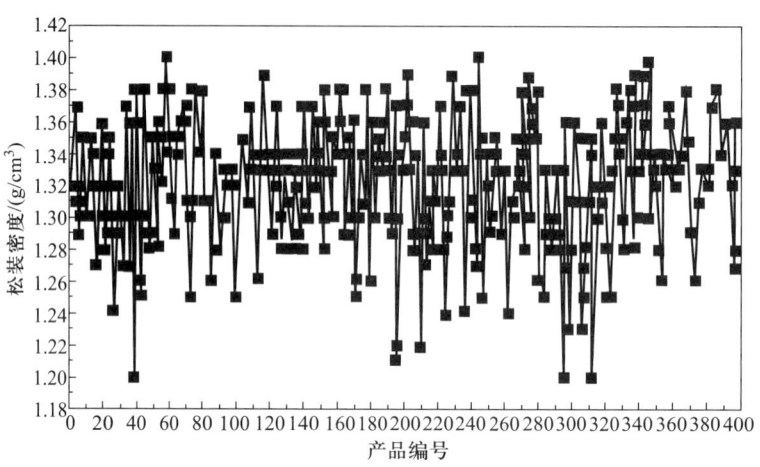

图 2 金达海绵钛松装密度分布

(二) 海绵钛生产设备

由于海绵钛生产工艺复杂,生产成本高,规模小,钛的应用领域和用量与钢铁、铝材相形见绌。为解决这一难题,世界上各国海绵钛生产厂家都在进行各种试验,海绵钛生产技术取得突破的首推日本,其在 2004 年实现大规模工业生产的 10 t 炉是一个标志,其产品质量和各种消耗指标均是世界领先。因此,海绵钛生产单炉产量大型化是我国海绵钛工业生产的发展趋势。海绵钛的主要消耗指标有钛的回收率、精镁的消耗、精四氯化钛的消耗、电耗,单炉大型化后,各项消耗指标均降低(图 3)。

近几年国内海绵钛企业通过不断地跨行业引进先进自动控制仪和监控设备、本行业自主研发的海绵钛的专用生产系列设备,不断提高海绵钛生产的自动化控制能力,来提高产品的质量水平和生产效率。例如,海绵钛还原蒸馏炉陶瓷纤维材料的使用、还原蒸馏自动化控制系统、质量流量计取代体积流量计、海绵钛冷却过程自动冲氩系统、海绵钛专用破碎设备(图 4)的引进等系列的措施,不断提高海绵钛行业设备的专业化水平,促进海绵钛生产效率的提高和产品质量的稳步提升。

海绵钛坨是硬而富有金属韧性的金属坨,将数吨重的金属坨破碎到 12.7 mm 以下的小颗粒海绵钛,且在破碎过程中不能发生氧化、氮化反应,又不能带入杂质,是一项难度很大的破碎技术。表 1 中给出了不同类型的破碎机的优缺点,根据海绵钛坨的实际情况优化不同破碎机组合,才能够更好地提高海绵钛小粒度产品的质量和效率。

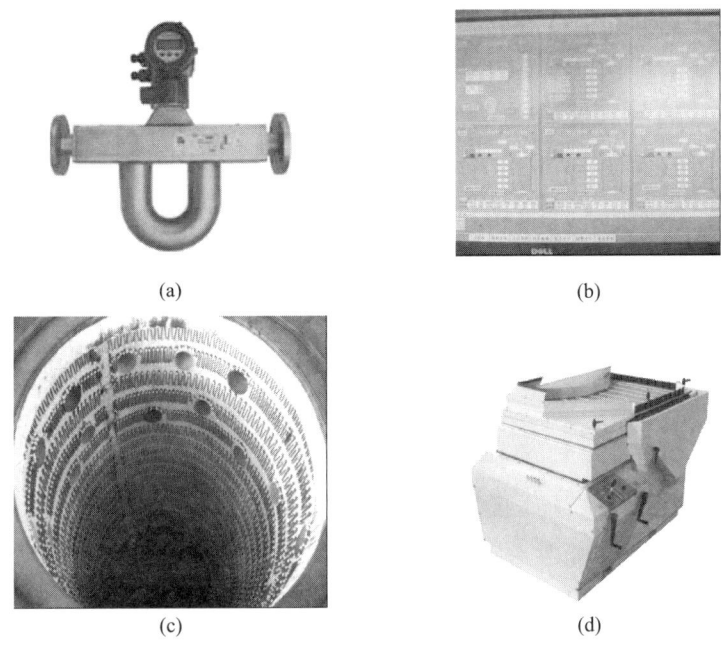

图 3　海绵钛生产设备

（a）质量流量计；（b）还原蒸馏自动化控制系统；（c）还原蒸馏真空炉；（d）海绵钛自动挑选设备

图 4　海绵钛破碎机

（a）鄂辊式破碎机；（b）剪切式破碎机；（c）双辊式破碎机

表 1　海绵钛破碎机对比

名称	优点	缺点
鄂辊式破碎机	产品高，维修方便	球形物料压制电极松散不容易熔化
剪切式破碎机	发热量小，能够破碎硬料	破碎过程温升高，容易产生薄片物料
双辊破碎机	破碎过程发热量小，物料温度低	破碎过程容易产生条状物料

（三）缺陷颗粒的控制

海绵钛产品质量的提高，离不开对缺陷料的控制。除了保证在挑选工序对海绵钛的严格精选外，对海绵钛缺陷颗粒的控制也十分重要，尤其体现在对 N、O 缺陷颗粒的控制。成功控制缺陷料的关键是从工艺流程、步骤、程序、设备和过程中消除生产中产生缺陷颗粒的风险，特别要避免产品中出现燃烧颗粒。航空转子级海绵钛中明确要求，不允许在任何过程发现一粒氮化颗粒，可见对氮化颗粒的重视程度。

本文主要从海绵钛生产过程中产生氮化颗粒的风险方面进行探讨，对缺陷料采用严格的控制措施。对每一单独批次的海绵钛坨需要通过破碎处理，在这个过程结束后，经过人工检查精选，选料工通过肉眼的视觉检验将非正常的颗粒挑选出来。海绵钛破碎的过程中同样有产生氮化颗粒的可能。海绵钛坨切片后，使用破碎机将海绵钛由块破碎至 25.4 mm 或者 12.7 mm 的颗粒。在这个过程中破碎机也会产生氮化颗粒和氧化颗粒。这些物质会积累在破碎机的牙板和破碎齿上，产生大量的摩擦热，导致更多的海绵钛发生氮化和氧化。所以在检查工序区域内，应该将选出料的视觉标准和选出理由用照片的形式清晰地标识出来，同时照片应该放到挑选工能观察到的范围内。先进的破碎设备、合理的破碎工艺会避免破碎过程中氮化颗粒、氧化颗粒的产生，只有通过不断的技术创新，加大对海绵钛专用破碎设备的研究开发，配合科学的管理方式，才能够从根本上避免破碎过程中缺陷颗粒的产生。

三、海绵钛成分控制新思路

海绵钛间隙相杂质元素在钛合金中通常也作为合金元素，钛合金中的间隙元素通过合金化，对提高综合力学性能和使用可靠性具有非常重要的意义。此外间隙元素还能提高钛合金在高温环境下的组织热稳定性、抗疲劳、抗蠕变的作用。控制钛合金中的间隙相元素成为一些牌号钛合金研究和应用的关键技术。

C、N、O、Si 等间隙相元素在钛合金熔炼过程进行添加，添加量小，很难保证均匀，试验证明，我们能够成功地将这些间隙元素均匀地添加到海绵钛中，并且能够将其总含量控制在一定的范围内。通过对这些专门用途的海绵钛的研发，能够明显降低相应钛合金的配料难度，提高钛合金的成分稳定性及成材率。表 2 中给出了某公司自主研发的四种专用海绵钛系列产品及其指标情况。通过合理添加 C、N、O、Si 元素，成功地生产出成分均匀且稳定的专用海绵钛，为下游钛材生产企业，提高了成材率和质量稳定性，把海绵钛做成合金的思路取得了突破性进展。

表 2 金达专用海绵钛

产品名称	控制元素名称	元素含量范围/%	控制偏差/%
含碳海绵钛	C	0.02~0.1	0.01
高氮海绵钛	N	0.01~0.04	0.005
高氧海绵钛	O	0.1~0.2	0.02
含硅海绵钛	Si	0.1~0.5	0.02

四、结语

本文主要从海绵钛工艺的稳定性、海绵钛生产设备引进和研发、海绵钛缺陷颗粒的控制三个方面进行讨论研究提高海绵钛产品质量稳定性的措施。近几年国内海绵钛生产企业对产品的疏松度也越来越重视,加大了对产品松装密度的研究。海绵钛企业通过不断地跨行业引进先进的自动控制和监控设备、本行业自主研发海绵钛专用系列设备,提高海绵钛生产的自动化控制能力,不断提升产品的质量稳定性水平和生产效率。通过对缺陷颗粒的控制,从工艺流程、设备和生产过程中消除生产中可能产生缺陷产品的风险,保证海绵钛的质量稳定性。通过自主研发成功的专用海绵钛系列产品,在不断为客户提供满意产品的同时,为一些新型钛合金提供了合适的原料保证。

张金宝 1984 年出生,2007 年毕业于中南大学。朝阳金达钛业股份有限公司技术研发部部长。完成高效节能 U 形炉技术攻关项目,先后研发了 MHT-90 海绵钛、高氮海绵钛、含硅海绵钛、高氧海绵钛、含碳海绵钛等产品。已拥有 12 项专利,其中,发明专利 5 项。获得有色金属工业协会科学技术奖二等奖 1 项。

650 ℃固溶强化型高温钛合金的探索研究

肖文龙　马朝利

北京航空航天大学材料科学与工程学院

摘要：本文首先对传统高温钛合金材料的设计原则及存在的问题进行了概括。针对未来高推重比航空发动机对新型轻质耐高温结构材料的需求，简要介绍了本研究小组在650 ℃固溶强化型高温钛合金研发方面的一些探索性研究工作。

一、引言

高温钛合金是航空航天领域的关键材料，主要用于代替钢或高温合金制造发动机的压气机叶片、盘和机匣等零部件，从而显著减轻发动机的重量，提高发动机的推重比[1]。传统的高温钛合金为固溶强化型，主要包括两类：α+β型和近α型[2]。α+β型高温钛合金是常用的一类高温钛合金，在较宽广的温度范围内有较好的综合性能，尤其具有良好的工艺塑性和可强化热处理的能力，然而由于含有较高含量的β相，最高使用温度仅为500 ℃左右。而近α型钛合金中因含有较少的β相，可兼顾α型钛合金的高蠕变强度和α+β型钛合金的高静强度。近α型钛合金当前最高使用温度可达600 ℃，在高温钛合金中占主导地位[2-3]。

从国际上第一个600 ℃钛合金IMI834问世到现在的30年时间里，传统高温钛合金的使用温度没有很大突破，国际上尚未有成熟的600 ℃以上航空发动机用高温钛合金的报道[3]。随着航空发动机推重比的不断提高，压气机出口温度不断升高，现有600 ℃高温钛合金难以满足先进航空发动机的应用需求。因此，研发具有耐更高使用温度的新型高温钛合金已成为钛合金领域的重要发展方向。本文综述了国内外固溶强化型高温钛合金的设计原则及存在的主要问题，重点介绍了一些本研究小组在650 ℃固溶强化型高温钛合金的探索性工作。

二、高温钛合金设计原则及存在的问题

目前600 ℃高温钛合金主要为近α型钛合金，这类钛合金以α-Ti为基，同时含有体积分数为3%~10%的β相。传统的近α型钛合金主要为Ti-Al-Sn-

Zr-Mo-Si 体系：α 相稳定元素 Al 以及 Sn 和 Zr 中性元素可以起固溶强化作用，提高合金的强度和蠕变性能；少量 β 相稳定元素 Mo 的存在可以将部分 β 相经淬火后保留至室温，通过适当的热-机械处理可以获得不同的微观组织，使合金具有不同的室温和高温力学性能[4]。此外，近 α 型钛合金中少量 Si 元素的加入可以在 α 片层间形成高熔点的硅化物，高温下可以钉扎 α 片层界面的滑移，大大提高合金的高温抗蠕变性能。但是，为了防止高温下硅化物粗大导致塑性和韧性下降，近 α 型高温钛合金中 Si 含量通常控制在 0.5%（质量分数）以下[4]。

目前固溶强化型高温钛合金的使用温度未能突破 600 ℃，这主要是由于在高温长期热暴露过程中合金基体内容易析出 Ti_3X（X = Al、Sn 和 Ga 等）有序相而使合金变脆[2,5]。Ti_3X 有序相为钛合金中的增强相，然而当 Ti_3X 相的尺寸超过一定数值时，合金的塑性和韧性将迅速下降。为了保证高温合金有足够的组织热稳定性，防止有序相的析出导致室温塑性和韧性降低的现象，在合金设计时必须将 α 稳定元素的含量控制在一定的范围之内。据此，Rosenberg 等提出了铝当量经验公式[6]：

$$Al_{eq} = Al + \frac{1}{3}Sn + \frac{1}{6}Zr + 10(O + C + 2N) \leqslant 9$$

目前商用 600 ℃ 高温钛合金中大多数将 Al 当量控制在 9%（质量分数）的范围内，这就限制了 Al、Sn 和 Zr 等合金化元素在高温钛合金中的固溶强化作用，导致 600 ℃ 以上时钛合金的热强性和抗蠕变性能不足。因此，650 ℃ 固溶强化型高温钛合金的开发应考虑增加合金的固溶强化程度，同时采用微合金化的方法或新型的合金设计思路减少或抑制 Ti_3Al 有序相的析出和长大，提高合金的组织热稳定性和热强性。

此外，高温表面氧化是制约固溶强化型高温钛合金推向更高使用温度的另一难题[2]。当温度超过 500 ℃ 时，高温钛合金在有氧气氛下表面容易形成疏松的氧化物层，不能有效地保护基体。而且，由于氧在 α-Ti 中的固溶度较大，钛合金表面会形成富氧的 α 壳层。α 壳层具有硬度高和脆性大的特点，在拉伸过程中表面首先开裂引起应力集中，导致热稳定性进一步降低。α 壳层的有害作用在室温下最突出。虽然渗铝涂层可以改善高温钛合金的抗氧化性能，但是由于形成完全保护层的金属间化合物（$TiAl_3$）涂层脆性很大，不能较好地抵抗热冲击，导致涂层容易产生裂纹[7]。而传统的 MCrAlY 包覆涂层由于含有 Ni、Fe 和 Cr 等元素，容易向钛合金基体中扩散，使涂层与基体间容易形成孔洞，导致涂层容易失效[8]。到目前为止，仍没有非常成熟的抗氧化涂层材料可用于高温钛合金。因此，改善高温钛合金的抗氧化性能、研发适用于高温钛合金的抗氧化涂层材料及技术是突破高温钛合金使用温度的关键。

三、650 ℃高温钛合金的探索研究

组织热稳定性、热强性和高温抗氧化性能是高温钛合金的技术难题。现有的固溶强化型高温合金虽然保证了合金在高温下具有良好的组织热稳定性,但由于铝当量被限制在较低的范围内,导致热强性不足,不能将合金推向更高的使用温度[2,5]。近年来,本研究小组在650 ℃高温钛合金的研发方面做了一些探索性工作:鉴于Ti_3Al有序相具有良好的高温强化效果,我们尝试采用合金化和微合金化的方法一方面增加高温钛合金固溶强化,另一方面试图通过部分合金化元素溶入到Ti_3Al有序相,降低有序相在高温下的粗化速率,从而提高钛合金的组织热稳定性。本文将简要介绍一些合金化元素在高温钛合金中的作用,以及适合于高温钛合金抗氧化涂层材料的探索研究。

(一)合金化元素在高温钛合金中的作用

1. Sc元素的作用

稀土元素在我国高温钛合金中已获得了成功应用,如550 ℃高温钛合金Ti-55早期加入了1%(质量分数)Nd元素,已通过试车考核并接近成熟,在航空和航天领域得到了应用。在此基础上,适当增加Al、Sn和Si的含量(Ti-60),使合金的使用温度提高到了550 ℃。在英国IMI829合金的基础上,添加微量的Gd元素(0.2%)开发了Ti-633G合金,使用温度可达550 ℃。西北有色金属研究院研发的合金550 ℃高温钛合金Ti600是在美国牌号Ti-1100的基础上,添加了约0.1%的Y,该合金具有良好的蠕变性能和热稳定性[2]。

由于大部分稀土元素在钛中具有非常低的固溶度,稀土元素在高温钛合金中的作用一般是在熔炼过程中通过内氧化反应形成稀土氧化物粒子,降低基体内氧的含量,从而提高了合金的组织热稳定性。采用快速凝固将稀土相纳米化,可以作为增强颗粒,被应用于650 ℃高温钛合金的研究探索中。与其他稀土元素相比,Sc在α-Ti中的固溶度较大。而且,Sc元素对钛合金的β/α相变点影响较小,这就意味着Sc可能作为高温钛合金中良好的固溶强化元素。此外,Sc被成功地应用于改善铝合金和镁合金的耐热性能,可形成高热稳定性的弥散强化相。我们研究了不同Sc元素的含量分别对Ti-6Al-2Zr-1Mo-1V(TA15)和Ti-6.6Al-5.5Sn-1.8Zr合金组织和力学性能的影响。研究发现,Sc可以显著细化铸造和锻造态钛合金的晶粒尺寸。在TA15合金中,少量Sc发生内氧化形成Sc_2O_3颗粒,同时Sc作为中性元素分布在α相和β相中,且随着Sc含量的增加逐渐向α相偏聚。而在含Sn元素的Ti-6.6Al-5.5Sn-1.8Zr合金中,Sc的加入将形成大量Sc_5Sn_3化合物,降低了合金的铝当量,提高了组织热稳定性。对比图1

(a)和(b)可以看出,Sc的加入抑制了Ti_3Al有序相的析出。

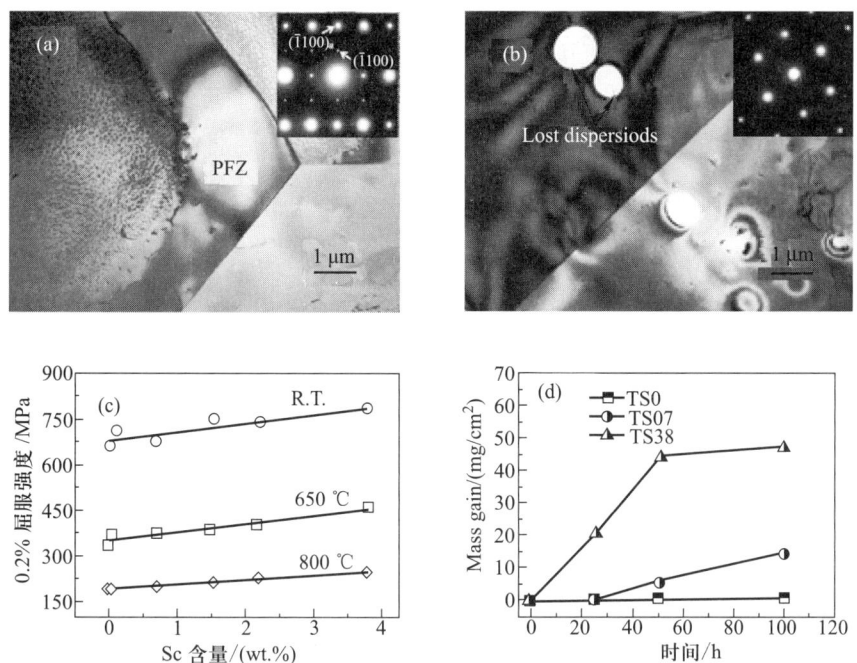

图1 760 ℃×100 h 热暴露后(a) Ti-6.6Al-5.5Sn-1.8Zr 合金和(b) Ti-6.6Al-5.5Sn-1.8Zr-3.8Sc 合金的微观组织,(c) TA15 合金添加不同 Sc 含量后的室温和高温屈服强度变化情况及(d) Sc 对 TA15 合金在 650 ℃氧化性能的影响

Sc 的加入可以起固溶强化的作用,同时形成高热稳定性的 Sc_2O_3 或 Sc_5Sn_3 增强相,从而改善了合金的热强性。如图1(c)所示,随着 Sc 含量的增加,合金在室温和 650 ℃下的屈服强度均逐渐增加。然而,对于 Ti-6.6Al-5.5Sn-1.8Zr 合金,高含量 Sc 的加入将形成粗大的 Sc_5Sn_3 化合物,导致合金的室温塑性明显下降。此外,Sc 的加入细化了合金表面多孔结构的氧化物,为氧向基体内扩散提供了更多的通道。如图1(d)所示,随着 Sc 含量的增加,合金的高温抗氧化性能将逐渐恶化。

2. Ir 元素的作用

Ir 在钛合金中为 β 相稳定元素。但是,从 Ti-Ir 二元相图可以看出,Ir 在 α 相中的最大固溶度接近 4%(质量分数),这就意味着当 Ir 加入到高温钛合金时,有可能溶入到 Ti_3Al 有序相中,降低有序相的粗化速率。而且,Ir 具有熔点高、化学稳定性好及氧渗透性低等特点,已被应用于制备高温超合金的氧扩散阻挡层。因此,Ir 可能同时改善高温钛合金的组织热稳定性及抗氧化性能。我们在 Ti-6.5Al-4Sn-4Zr-0.5Mo 近 α-Ti 合金中添加不同 Ir 元素含量发现,Ir 元素主要

分布在 β 相中,且随着 Ir 含量的增加,合金中的 β 相的含量增加,如图 2(a) 和 (b) 所示。Ir 元素的加入一定程度上降低了高温长时间热暴露过程中 Ti_3Al 有序相的粗化,如图 2(c) 和 (d) 所示。在 650 ℃ 氧化气氛下,由于 Ir 元素的加入降低了 Al 元素向表面的扩散,减少了 Al_2O_3 的形成,导致合金的抗氧化性能下降[图 2(e)]。然而,750 ℃ 下由于 Ir 提高了表面氧化物的黏附性,同时促进了亚表面形成富 Al_2O_3 层,从而略微提高了高温钛合金在该温度下的抗氧化性能[图 2(f)]。

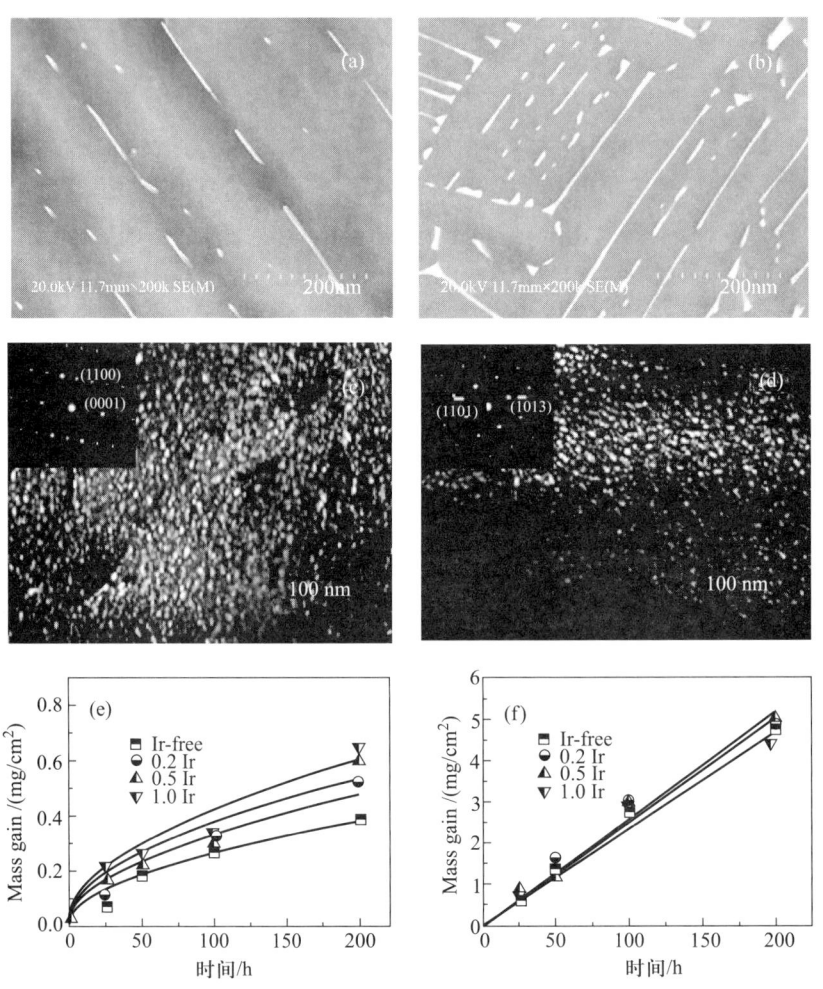

图 2 添加(a)0 Ir 和(b)1 Ir 后高温钛合金典型的微观组织,(c)0 Ir 和(d)1 Ir 合金在 650 ℃时效 500 h 后基体内 Ti_3Al 有序相形貌,以及在(e)650 ℃和(f)750 ℃下 Ir 对高温钛合金氧化性能的影响情况

3. Nb、Hf 和 W 复合作用

传统的 600 ℃ 高温钛合金大多以 Mo 或者 Mo 和 Nb 复合作为 β 相的稳定元素,同时添加 Sn 和 Zr 作为中性元素起固溶强化作用。与 Mo 元素相比,Nb 为弱

β相稳定元素且在α相中具有较高的固溶度。而且，Nb可以改善高温钛合金的抗氧化性能。再者，Zr虽然可以提高钛合金低温和中温段力学性能，但是当Zr含量超过5%（质量分数）时，将导致合金的塑性和蠕变性能下降。根据二元相图，Hf与Zr在钛合金中的作用相似，但是与Zr相比，Hf元素具有更高的熔点和密度，因此在高温钛合金中可能具有更低的扩散速率，已被GE公司用于一种新型650℃高温高强抗氧化钛合金[9]。我们以一种Ti-Al-Sn-Hf-Nb高温钛合金为基体，考察了不同W元素对高温钛合金组织和性能的影响。W元素被成功地应用于俄罗斯600℃高温钛合金的开发。我国在Ti60合金的基础上提高Ta含量，加入约1.0%的W元素，同时少量降低Mo和Nb的加入量而开发了一种650℃新合金，该合金具有较好的综合性能[2]。我们研究发现，经β相区固溶处理+750℃等温时效4 h，Ti-Al-Sn-Hf-Nb-W体系高温钛合金的组织随着W含量的增加由原来的片层组织逐渐转变成网篮组织，如图3(a)和(b)所示。从650℃×1000 h热暴露后的组织可以看出[图3(c)和(d)]，与无W的合金相比，添加W后Ti_3Al有序相的尺寸明显减小。通过STEM/EDS元素分析得出，这可能是由于W的加入促进了Nb在Ti_3Al有序相的溶解，从而降低了高温下有序相的粗化速率。

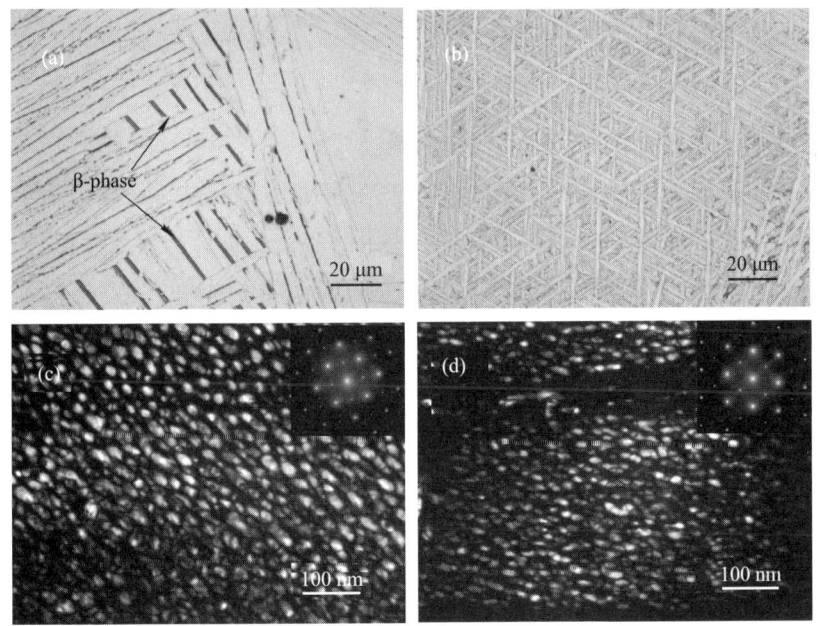

图3 Ti-Al-Sn-Hf-Nb-W体系高温钛合金的微观组织

(a) 0 W合金和(b) 2 W合金，以及(c) 0 W合金和(d) 4 W合金经650℃×1000 h热暴露后组织内有序相的形貌从图 4(a)合金氧化增重的变化情况可以看出,Ti-Al-Sn-Hf-Nb 合金在 750 ℃下具有比传统 600 ℃高温钛合金 IMI834 更好的抗氧化性能。少量 W 的加入将导致合金的抗氧化性能略有下降。然而,当 W 含量达到 4.0%(质量分数)时,合金的抗氧化性能反而得到显著改善。对比分析氧化产物发现,抗氧化性能的提高可能是由于高含量 W 元素的加入促进了表面 Al_2O_3 的形成,同时形成了一种新相[图 4(b)]。此外,从图 4(c)和(d)可以看出,高含量 W 的加入可以细化表面氧化物,使氧化物变得致密。

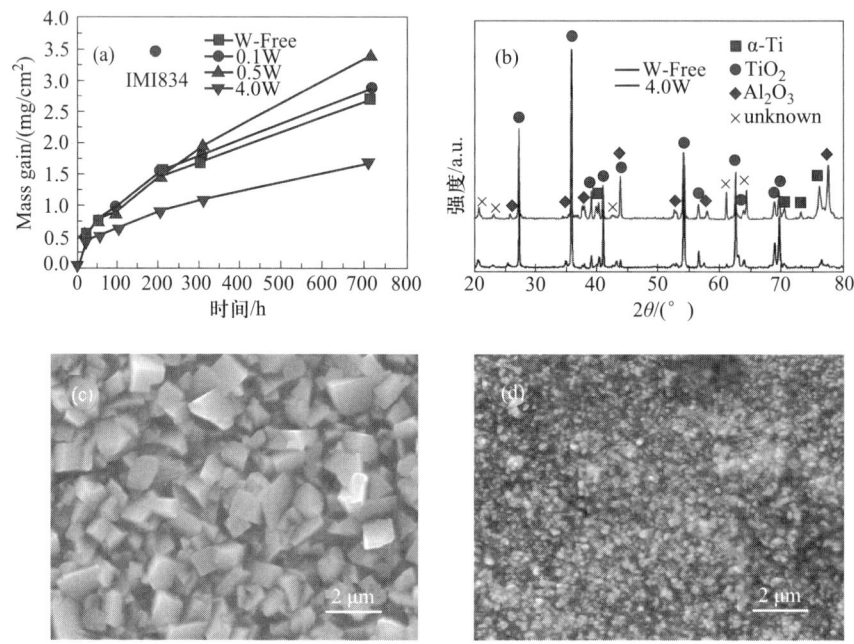

图 4　W 元素对 Ti-Al-Sn-Hf-Nb 合金氧化性能的影响情况

(a)750 ℃下合金的氧化增重,(b)氧化后试样的 X 射线衍射图谱,以及添加(c)0 W 和(d)4 W 合金氧化物表面形貌

(二) 高温钛合金涂层材料探索研究

在高温氧化过程中,钛合金表面氧化物下面的基体中将形成脆性富氧层,严重损害了合金的机械性能。由于传统高温涂层应用于高温钛合金上存在一定的缺陷,开发适合于高温钛合金的涂层材料及技术是钛合金在更高温度下应用的关键。基于高熵合金在高温下的原子低扩散速率(sluggish diffusion)及具有良好的抗氧化性能的特点[10],我们设计和研究了一些具有高抗氧化性能的高熵合金,以期能够适合于高温钛合金的涂层材料。

图 5 为一种典型的 Ti-Al-Cr-Si-Zr 体系高熵合金的组织与性能。可以看

出,铸态下合金为枝晶组织[图5(a)]。通过透射电镜观察发现,合金基体为面心立方结构的固溶体相,同时基体内含有面心立方结构有序相、Ti_5Si_3化合物,以及少量的非晶。在750 ℃氧化气氛下,合金具有良好的抗氧化性能,而且经长时间热暴露后,合金的组织非常稳定,主要为固溶体相[图5(b)]。通过放电等离子烧结在钛合金上制备了该高熵合金的涂层。研究发现,该高熵合金材料与钛合金具有良好的黏结力,并且高温下与钛合金具有较低的互扩散,如图5(c)所示。此外,该高熵合金与Al_2O_3具有非常好的结合力,可用于钛合金搪瓷涂层的黏结材料。

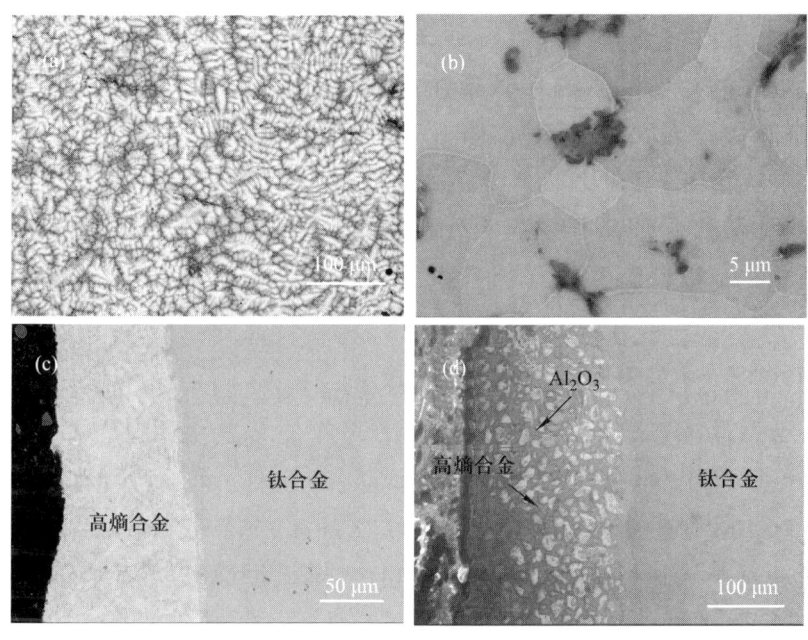

图5 高熵合金(a)铸态和(b)750 ℃长时间热暴露后的微观组织,(c)高熵合金涂层与钛合金的界面结合情况,以及(d)(Al_2O_3+高熵合金)涂层与钛合金的界面结合情况

四、结语

高温钛合金是高推重比航空发动机的关键结构材料。使用温度低于600 ℃是固溶强化型高温钛合金存在的国际性难题。虽然以有序强化为主的高温钛合金如正交O相、$α_2$相和Ti2AlNb基合金一定程度上可以弥补固溶强化型高温钛合金的不足,但是由于这些材料固有的局限性,无法在550~700 ℃这个重要的工作温度区间完全替代固溶强化型高温钛合金。未来相当长的一段时间,耐高温钛合金仍将以固溶强化型钛合金为主。国外600 ℃固溶强化型高温钛合金已

应用于多种先进航空发动机上,而我国的 600 ℃ 高温钛合金仍处于中试阶段,与国外尚存在较大差距。目前国内外 650 ℃ 固溶强化型高温钛合金的研究已取得了一定进展,但是离实际应用还存在一定距离。为此,固溶强化型高温钛合金的研发方面仍需要加强合金化元素对长时组织热稳定性、高温力学性能及抗氧化性能的基础研究,用于指导新型高温钛合金的设计。同时,应大力发展适用于高温钛合金的抗氧化涂层材料和表面涂层防护技术。

参考文献

[1] 黄旭,李臻熙,黄浩.高推重比航空发动机用新型高温钛合金研究进展[J].中国材料进展,2011,30(6):21-27.

[2] 王清江,刘建荣,杨锐.高温钛合金的现状与前景[J].航空材料学报,2014,34(4):1-26.

[3] 曹春晓.航空用钛合金的发展概况[J].航空科学技术,2005(4):3-6.

[4] Gogia A K.High-temperature titanium alloys[J].Defence Science Joumal,2005,52(5):149-173.

[5] 曾立英,赵永庆,洪权,等.600℃高温钛合金的研发[J].钛工业进展,2012,29(5):1-5.

[6] Rosenberg H W.Titanium alloying in theory and practice[C]//The Science, Technology, and Application of Titanium.New York:Pergamon Press, 1970:851-859.

[7] Das D K, Alam Z.Cyclic oxidation behaviour of aluminide coatings on Ti-base alloy IMI-834 at 750 ℃[J].Surface & Coatings Technology,2006,201:3406-3414.

[8] Liu H P, Hao S S, Wang X H, et al. Interaction of a near-a type titanium alloy with NiCrAlY protective coating at high temperatures[J].Scripta Materialia, 1998, 39(10):1443-1450.

[9] Gigliottimfx Jr,Rower G.High strength oxidation resistant alpha titanium alloy:US,4906436[P].1990-03-06.

[10] Huang P K, Yeh Y W, Shun T T,et al. Multi-principal-element alloys with improved oxidation and wear resistance for thermal spray coating[J].Advanced Engineering Materials,2004,6(1-2):74-78.

国内外钛冶金技术进展

谷 宾[1)] **朱宏康**[2)] **马朝利**[1)] **周 廉**[2)]

1) 北京航空航天大学材料科学与工程学院；
2) 西北有色金属研究院

摘要：钛冶金技术是世界范围内研究的热点，几十年来，钛行业工作者们一直致力于寻求减少生产成本的钛冶金方法。本文详细介绍了目前尚无法被替代的克劳尔方法的工艺流程和国内外对其进行的技术改进，概括介绍了FFC剑桥工艺、阿姆斯特朗工艺、MER工艺、OS工艺等钛冶金方法的工艺流程和技术特点以及发展现状。以期对钛行业的冶金工艺选择和技术创新提供参考。

关键词：冶金；克劳尔法；FFC剑桥工艺；阿姆斯特朗工艺；MER工艺；OS工艺

一、引言

钛这种金属元素被发现（元素符号为Ti、原子序数为22、相对原子质量为47.9）至少已经200年。然而，钛的工业生产直到20世纪50年代才开始。钛的战略重要性是公认的，作为一种独特的轻质、高强度金属，其主要具有以下属性：高强度密度比（高结构效率）；低密度，大约是钢、镍、铜合金重量的一半；优异的耐腐蚀性，如优越的耐氯化物、海水和酸性介质的性能；优良的高温性能。同时，钛合金还具有很多有吸引力的性能，如特殊的抗侵蚀和抗冲刷腐蚀性能、在空气和氯化物环境中的高疲劳强度、在空气和氯化物环境中的高断裂韧性、低弹性模量、较低的热膨胀系数、高熔点、本质上非磁性、高抗冲击、无毒、无过敏和完全生物相容性、很短的半衰期以及优良的低温性能。

钛及钛合金所具有的优异性能使其在航空、航天、船舶、石油、化工、生物医学、冶金、体育休闲等领域得到越来越广泛的应用。虽然钛的工业生产发展至今才有半个世纪的历史，由于受航空业和世界经济危机的影响，钛工业也产生过较大波动，但其发展速度仍然超过了其他有色金属。

目前，在钛工业生产中，克劳尔方法仍然是不可替代的钛冶金技术，经过几十年的发展，克劳尔法向大型化、连续化、自动化方面发展，国际上使用其生产钛金属回收率已可达95%以上[1]。但克劳尔方法仍然存在成本高、流程长、工序多、污染环境等不足,新的钛提取冶金没有实现大型化生产,钛金属产量占总矿石开采量百分率较低,2011年约为5%,1998年约为3%,2018年预计达到8%[2]。如此低的总百分率必将影响钛及钛合金在各个领域中的应用。

从20世纪50年代开始,人们除了推进原有海绵钛技术的不断完善和进步,也一直致力于新兴的钛冶金技术的研究与开发,以寻求更低成本、更高效率的钛制备方法。

FFC剑桥工艺由英国剑桥大学Fray及其合作者于2000年开发,采用电化学方法还原TiO_2制备金属钛,引起了广泛关注,并将钛冶金工艺的研究又带入一个新高潮。具有这项工艺的知识产权和工业开发探索权的Metalysis公司,为实现钛粉末生产商业化制定了O2M(Oxide to Metal)计划,建立具备热盐控制系统的半连续实验厂,目标每年生产100 t钛粉末,以实现FFC剑桥工艺商业规模化生产[2,3]。其首次开发出的低成本的钛金属粉末已经被用于3D打印汽车零部件。

在FFC剑桥工艺的基础上,日本Suzuki和Ono教授于2002年提出OS法,使用电解$CaO-CaCl_2$熔盐获得的金属钙将TiO_2还原,得到钛粉。也可将TiO_2、Al_2O_3和V_2O_5粉混合放置在阴极篮中,在$CaO-CaCl_2$溶液中直接还原生产Ti-6Al-4V粉末。目前,此方法正处于工业化研究阶段。

阿姆斯特朗工艺由美国国际钛粉末公司(International Titanium Powder,ITP)开发,也称为ITP工艺。其是以$TiCl_4$为原料,使用金属热还原法制备钛粉的一种方法。它通过改进传统钠还原法(Hunter法),实现连续化生产,成为国内外具有商业化前途的生产钛粉方法之一。国际钛粉末公司已经建立具有初始生产能力为907 000 kg/a的试验工厂[4]。

MER工艺是能够连续操作中制备钛和钛合金粉末的工艺,由美国MER公司开发。在美国国防高级研究计划局(DARPA)的支持下,MER公司在规模化新型电解过程制造商业纯钛和钛合金方面取得很大进步[4]。

下面将分别介绍上述钛冶金方法的工艺流程、技术特点和发展现状。

二、克劳尔法

克劳尔法流程如图1所示。

(一)原材料

钛虽被称为稀有金属,但在自然界中并不稀少。其在地壳中的丰度为0.56%,按元素排列居第9位,仅次于氧、硅、铝、铁、钙、钠、钾和镁,按结构金属计,排在铝、镁、铁之后,位居第4位。

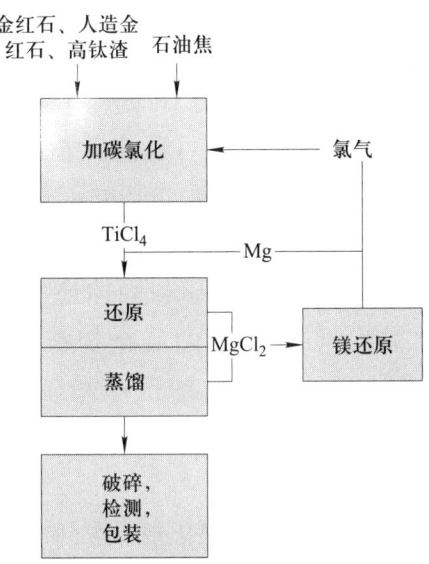

图 1 克劳尔法流程图[2]

在现有技术水平和经济条件下具有利用价值的钛矿物主要为金红石和钛铁矿。世界钛矿基础储量总计为 10.2 亿 t(以 TiO_2 计,由于国外统计与我国存在差异,我国钛资源储量未统计在内),其中,钛铁矿占 80%,金红石约占 20%[5]。钛铁矿主要分布的国家有中国、澳大利亚、印度、南非、挪威、加拿大和美国,俄罗斯、哈萨克斯坦和乌克兰也有很多钛铁矿层,印度也是未来的一个潜在的开发资源[2]。金红石(包括锐钛矿)储量最多的国家主要是澳大利亚、南非、巴西、印度等国。钛矿按其成因不同又分为砂矿和岩矿,岩矿属原生矿,砂矿属于次生矿,是原生矿经长期腐蚀、风化的迁移产物。

我国钛资源储量位居世界之首,钛矿储量基础 7.4747 亿 t,其中,金红石资源储量稀少,约占 2%,钛铁矿约占 98%[5]。我国金红石资源 80% 以上为岩矿,其余为砂矿。金红石岩矿主要分布在湖北、河南、山西、陕西、山东。金红石砂矿主要分布在海南、广东、广西、福建等。

我国钛铁矿砂矿资源较少,约占 4%,主要分布在海南、云南、广东等地。钛铁矿岩矿主要在钒钛磁铁矿中,分布在四川攀西地区、河北、山西和山西等地。其中,攀西地区的钒钛磁铁矿储量居全国第一,比重达到 92% 以上,为我国钛工业提供了雄厚的资源基础。但其品位低,MgO、CaO 含量高,可选性差,提取 Ti 比较困难。

虽然现在已经有从钛铁矿直接生产氯化 $TiCl_4$ 的工艺,但由于需要对氯化反应器重新设计以增加处理大量氯化钛的能力,且要求钛铁矿含钛量达 90%~98%,并对杂质元素有更严格要求,所以用于生产海绵钛所需的 $TiCl_4$ 原料仍为含 TiO_2 的富钛料。富钛料主要有天然金红石、人造金红石和高钛渣。但金红石储量有限,且已近枯竭,因此,利用钛铁矿生产的高钛渣将成为生产海绵钛的主要原料。

制备高钛渣首先需对开采得到的钛铁矿进行选矿,得到 TiO_2 含量和杂质含量符合国家标准的钛精矿。钛铁矿精矿可以直接生产制取钛金属,但因为品位较低,TiO_2 含量一般为 50%~60%,所以还需经过富集处理得到钛渣和人造金红石。钛铁矿富集的方法有 20 余种,目前获得广泛应用的制备钛渣的工业方法是电炉熔炼法。电炉熔炼法即将钛铁矿精矿与固体还原剂加入电炉中进行还原熔炼,钛精矿中铁的氧化物被还原成铁,钛的氧化物被富集在炉渣中,经渣铁分离得到钛渣和副产品铁。通常把 TiO_2 含量大于 90% 的产品称为高钛渣。

(二) 氯化技术

制备粗 $TiCl_4$ 的氯化技术主要有流态化氯化法和熔盐氯化法。

熔盐氯化法是前苏联钛冶金工作者针对本国原料情况开发的工艺。熔盐氯化将富钛料和石油焦悬浮在熔盐中(主要由 KCl、NaCl、$MgCl_2$、$CaCl_2$ 组成)与氯气发生反应制取 $TiCl_4$。熔盐氯化技术比流态化氯化技术落后,但因为其能高效处理高镁钙含量的原料,因此仍在使用中。独联体国家多采用熔盐法制备氯化钛。

流态化氯化技术采用氯气为流体,将由富钛料和碳源(如石油焦)混合成的固体颗粒在氯化炉中悬浮起来,形成流化床,在高温下进行氯化反应制取 $TiCl_4$。这种制备粗 $TiCl_4$ 的反应方程式为

$$TiO_2 + (1+\alpha)C + 2Cl_2 \rightleftharpoons TiCl_4 + 2\alpha CO + (1-\alpha)CO_2$$

流态化氯化又分为有筛板沸腾氯化(简称沸腾氯化)和无筛板沸腾氯化。氯化技术的选择主要取决于给料的二氧化钛含量、CaO 和 MgO 杂质的含量。

沸腾氯化法最早是由德国拜耳公司将其用来生产 $TiCl_4$,现在美国和日本沸腾氯化处于世界领先地位。他们抓住影响流态化氯化效率的关键点——使用低 CaO 和 MgO 杂质的高品位给料,指定给料化学组成和颗粒大小[2]。沸腾氯化法可选用的原料有天然金红石(TiO 质量分数>96%)、人造金红石(TiO_2 质量分数为 92%~94%,CaO+MgO 质量分数<1%)以及高钛渣[6,7]。使用带筛板流化床氯化反应器,将混合了还原剂的给料用气压送入氯化反应器内,使其和通过反应器底部的筛板进入的氯气充分混合,以保证氯化反应进行完全。并采用上排渣方法将反应产物 $TiCl_4$ 和炉尘、炉渣都从炉顶溢出,最后在收尘器中凝结和收集下来。高品位的原料使工艺流程简单,简化了氯化器操作,且废料较少,回收率高达 95%~98%[1]。

这种方法不适合含铁杂质多的给料,除非设备增加处理固体颗粒的环节。

除了控制给料品位,在工艺的改进上,日本大阪钛技术有限公司(OSAKA 公

司)通过在氯化反应器内安装更薄的耐火砖来增大其内部体积,或通过增加氯化反应器增加粗四氯化钛含量[8]。精制 $TiCl_4$ 过程中,使用增加蒸馏柱的方法增加纯四氯化钛产量。

我国由于天然金红石储量较低,人造金红石生产技术和生产规模不能满足用户需求,且利用本土钛矿资源制备得到的氯化给料高钛渣含有高 CaO 和 MgO 杂质含量($TiO_2 \geqslant 90\%$, $2\% \leqslant CaO+MgO \leqslant 3\%$),钛冶金工作者针对我国情况独创了无筛板沸腾氯化技术,且得到普遍使用[6,7]。2011 年,在科技部、中国有色金属工业协会支持下的抚顺钛业有限公司历时 3 年研究大型无筛板沸腾氯化工业技术及装备研究开发课题,直径 2600 mm 大型无筛板沸腾氯化炉顺利试生产使用[9],现在中国的流化床反应器直径为 $2.4 \sim 2.6$ m[7]。

无筛板沸腾氯化技术中,氯气从流态化氯化反应器炉底的气体分布器通入,富钛料和还原剂(石油焦)的混合料通过螺旋加料器送入炉内进行氯化反应,未反应的残渣和高沸点氯化物从炉底排出。氯化反应器出炉炉气经除尘设备冷却收尘,排出收尘渣。除尘后的炉气经过冷凝设备中冷四氯化钛淋洗冷凝成液体,不凝气体经处理排放。冷凝的四氯化钛中的固体物经沉降、过滤方法分离,并排出分离出来的泥浆或滤渣。整个流程排出的废料较多,含有相当含量的四氯化钛,且回收中损失较大,回收率为 90% 左右。

我国除了对使用钛渣和合成金红石作为原料的流化氯化技术进行大量研究外,使用天然金红石作为原料的流化氯化过程也取得了一定进展。东北大学多金属共生矿生态化冶金教育部重点实验室团队基于天然金红石氯化反应的热力学计算,确定氯化反应的流化氯化参数,如氯化反应时间、温度、氯化气体流、晶粒尺寸、氯气浓度和石油焦的比率,氯化工序钛回收率超过 95%[10]。

(三) 精制四氯化钛

粗四氯化钛是一种红棕色浑浊液,含有许多杂质,具有代表性的关键组分有高沸点杂质中的 $FeCl_3$、低沸点杂质中的 $SiCl_4$、沸点相近的杂质 $VOCl_3$。四氯化钛提纯包括:蒸馏去除高沸点杂质、精馏法去除低沸点杂质以及化学法除钒。我国目前有铜线除钒法,但因成本高、劳动条件差,只适合于低钒给料处理和小规模生产的钛厂使用;也有一些工厂使用植物油和矿物油除钒,但会造成仪器堵塞和海绵钛中碳含量增加。除此之外,还有铝粉除钒法[7]。

(四) 镁还原和蒸馏

镁还原反应在一个钢制还原反应器中进行。反应器首先需要进行清理和泄露检查。然后将预先计算好量的镁放到反应器中,将其加热至融化,或者将镁回收操作中融化的镁倾倒在反应器中。温度达到 700~900℃后,将四氯化钛以限定的速度注入。通过控制四氯化钛注入速率和温度来控制反应。还原反应开始在容器壁附近镁表面进行,海绵钛从器壁处开始长大。控制反应速率可以确保容器壁内的海绵钛形式。反应副产品氯化镁沉到反应器底部,还原过程中周期性排出。

镁热还原-蒸馏法生产海绵钛生产有还原-蒸馏设备分开法和联合法之分。还原蒸馏联合法被广泛使用,其又可分为 I 型联合法和倒 U 型联合法。I 型联合方法又称为串联法,独联体国家使用这种方法。倒 U 型联合法又称为并联法,美国和日本采用这种方法。这两种方法我国都在应用。

日本大阪钛技术有限公司通过增加还原炉数量或者增加还原反应器的尺寸,增加每批产量,来增加海绵钛生产力。但同时考虑产量增加带来的 $MgCl_2$ 的量增加,给镁电解造成热量和时间的压力。该公司通过使用增加还原炉、氯化器、蒸馏柱数量以及整条海绵钛生产线优化,使海绵钛产量从每年 24 000 t 增加到 38 000 t[8]。

(五) 镁电解

海绵钛厂广泛的使用多极电解槽和无隔板镁电解槽,最大电解槽容量已经达到 200 kA,镁每吨直流电耗已经下降到 10 000 kW·h,氯气浓度达到 97%。我国镁电解技术与美国、日本相比仍有差距。

三、FFC 剑桥工艺

FFC 剑桥工艺是低环境影响和资金投入的利用熔盐作电解质通过电化学还原把金属氧化物直接还原成金属的方法。图 2 为 FFC 剑桥工艺流程图。

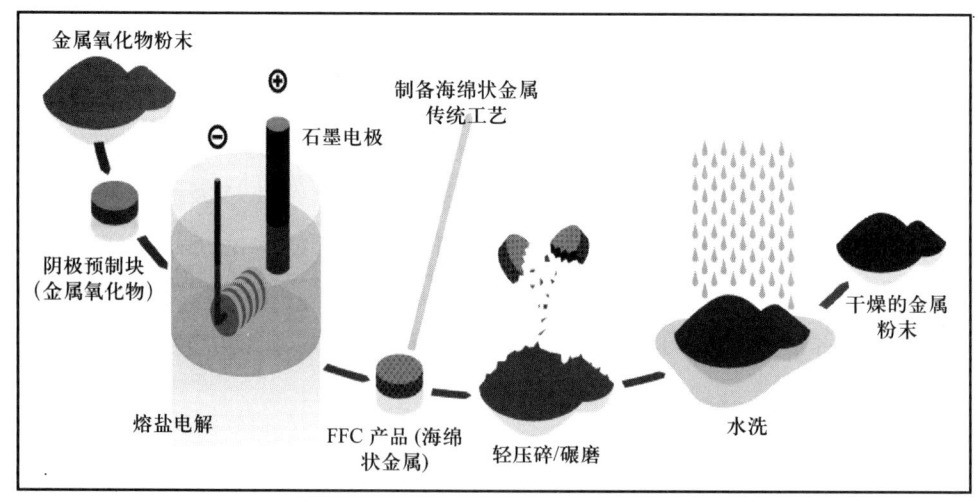

图 2 FFC 剑桥工艺流程图[3]

将 TiO_2 粉末经过传统工业陶瓷加工技术如挤出和压制,再烧结,形成阴极预制块,附在阴极上,浸入电解液中,典型的电解液为温度为 800~1000℃ 的 $CaCl_2$ 溶液。阳极由石墨制成。电极之间电压通常为 3V,这是此项工艺的基本要求之一——施加的电势足够分解阴极的氧化物但不足以分解熔盐电解质[11]。钛氧化物中的氧被剥离出来,生成阴离子,通过电解液运输到阳极,与阳极的碳反应生成 CO_2 或 CO。工艺时间为 24~48 h,可以得到氧含量低于 1000 ppm、N_2 含量为 5~20 ppm 的产品,可通过增长热处理时间降低氧含量[12]。工艺得到松散的钛金属,经清洗、烘干,再进行后续处理。

还可使用 TiO_2、Al_2O_3 和 V_2O_5 的混合物,经过 2 次烧结工艺,制备 Ti-6Al-4V 合金。

英国 Metalysis 公司为实现钛粉末生产商业化制定了 O2M 方法。首先对 FFC 剑桥工艺的概念验证和基本实验在半连续批量操作 O2M 电解槽(12 个实验室规模电解槽)里进行,每次运行能还原克量级的材料以及快速产生大量科学数据,第二步设计了批量操作扩展电解槽。每次循环能够还原千克量级的金属氧化物。两个扩展电解槽一个用来制备钽,一个用来制备钛,用来进行 O2M 产品的测试、扩展和商品用户评估,为新工厂的设计提供重要的设计和操作数据。第三步建立具备热盐控制系统的半连续实验厂[3]。

利用 O2M 方法,Metalysis 公司从金红石制备钛粉,包括直接剪裁粉末尺寸,控制形态和合金元素。Metalysis 公司已经有能力生产 1~2 mm 到 100 μm 的钛珠及符合要求的合金。

2013 年,Metalysis 公司公布其开发出的低成本的钛金属粉末已经被用于 3D 打印汽车零部件。

Metalysis 公司也与其他合作方一起参与由英国航天技术研究所(ATI)和 InnovateUK 出资的钛粉净形部件制造项目(Titanium Powder fornet-shaped component manufacture,TiPOW),为对材料具有严格要求的航空航天工业服务,开发成本更低的能优化 3D 打印的金属材料。

除此之外,全球最大锆砂供应商澳禄卡资源有限公司(Iluka Resources Limited,从事钛铁矿、金红石、合成金红石的勘探、开采、浓缩、分离矿砂和生产)也看中 Metalysis 更高效率、更低成本、具有接近商业化的钛粉生产技术以及在 3D 打印制造工艺方面的进展,与其签署投资协议,Metalysis 公司也将与澳禄卡资源有限公司合作视为难得的机遇,力求进入全球化市场。

四、阿姆斯特朗工艺

阿姆斯特朗工艺的核心设备是阿姆斯特朗反应器。金属钠以气体的形式被送入反应器,$TiCl_4$蒸气流通过一个内部喷嘴被注入不断流动的熔融钠中。$TiCl_4$和钠反应制备钛颗粒和氯化钠。过量的钠流,不仅起到冷却还原产物的作用,还将钛粉、氯化钠携带出反应器。钛粉和钠盐再通过过滤、蒸馏和洗涤而得以分离。这是一种连续生产工艺。使用这种方法生产的钛粉已经达到二级钛粉标准[13]。

通过共同注入适当比例合金元素的氯化物还可以制备钛合金。例如,ITP公司加入定量的氯化铝和四氯化钒在四氯化钛流中,生产了Ti-6Al-4V粉末。粉末有特有的树枝形态,有高压缩性和低体积密度[14]。

国际钛粉末公司(ITP)一直致力于这项工艺的商业化试验,已经具有初始生产能力为907 000 kg/a的试验工厂[4]。

五、MER 工艺

钛的碳氧化物在一定成分范围内具有导电性,将其作为阳极,在电解液中会溶出Ti离子,然后在阴极上获得金属钛。美国MER公司将TiO_2或金红石粉末与碳及黏结剂搅拌均匀后模压成型作为熔盐电解的消耗阳极,进行热处理后制成复合阳极,以氯化物的混合物作为电解液。电解时,阳极上放出CO/CO_2混合气体,溶解的Ti^{3+}在阴极上放电还原为金属钛。该方法可用钛铁矿作为原料生产钛铁合金。MER公司正在研究使用金属卤化物为原料、采用金属热还原法直接制备钛合金粉末工艺,这将因流程的精简、制造效率的提高使钛合金工零件制备成本大大降低。

MER工艺规模已经达到每天50 kg,并和TIMET合作建造能进行更大规模生产的制备槽,以及研究使用等离子转换弧工艺(PTA)制备成型部件。MER公司已经制备出从块到叶片等几种不同复杂度形状的部件。这些成型部件的制作成本大约为22美元/kg[4]。

六、OS 工艺

在$CaO-CaCl_2$溶液中,以电解得到的活性钙为还原剂,将TiO_2还原成钛金属的方法称为OS工艺。OS工艺示意图如图3所示。溶液中发生如下反应[15,16]:

$$CaO \Longrightarrow Ca^{2+} + O^{2-}$$

阴极:$Ca^{2+} + 2e \Longrightarrow Ca$

$$TiO_2 + 2Ca \Longrightarrow Ti + 2CaO$$

阳极:$nO^{2-} + C \Longrightarrow CO_n + 2ne$($n=1$ 或 2)

以石墨坩埚作为阳极,不锈钢网做阴极,将TiO_2粉末直接放在阴极篮中,在两电极间加电压进行恒压电解。所用的电压高于CaO的分解电压而低于$CaCl_2$

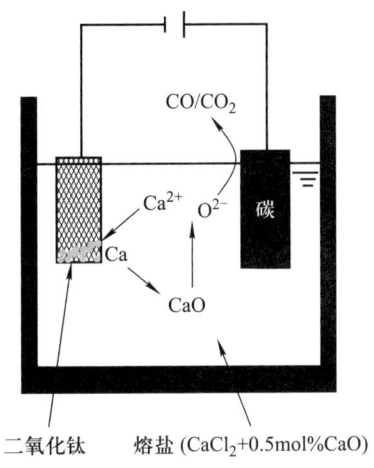

图 3 OS 工艺示意图[15]

的分解电压。此方法生产的钛金属的主要问题为氧含量过高。

TiO_2 还原成钛金属时会形成 TiO 和 $CaTiO_3$ 中间产物,还原 TiO 比还原 $CaTiO_3$ 慢[17]。研究发现,在还原反应后期,反应物的颗粒尺寸很容易影响电解反应的进行,因此反应初始阶段形成的颗粒尺寸对反应的进行很重要。在相同的供给电量标准参数下,电解反应中的形成的 $CaTiO_3$ 颗粒尺寸较小,且呈珊瑚状,利于反应进行;但中间产物 TiO 被还原时,表面会生成一个致密的钛层,阻碍内部氧向外扩散和外部钙向内扩散。在反应初始阶段增大电流密度,可以减小颗粒尺寸,使还原反应加快进行,并降低产物金属钛的氧含量。反应后期氧的扩散很慢。

还原反应受两个机制影响,电解反应初期的"反应限制反应"机制——CaO-$CaCl_2$ 溶液中不同浓度的 CaO 电解反应产生不同的电流密度进而影响反应速度;"扩散限制机制"——CaO 电解后期,溶液中 Ca^{2+} 和 O^{2-} 扩散速率对反应速度产生影响[16]。研究表明,CaO-$CaCl_2$ 溶液中 CaO 浓度为 0.5mol% 时,钛中的氧浓度最低;更高的阴极电流密度能加快还原反应的进行,同时也会在 Ti 中残留更多的氧。

将 TiO_2、Al_2O_3 和 V_2O_5 混合或者 TiO_2、Nb_2O_5、Ta_2O_5 和 ZrO_2 混合放置在阴极篮中,在 CaO-$CaCl_2$ 溶液中可以通过直接还原生产 Ti-6Al-4V 和 Ti-29Nb-13Ta-4.6Zr[17]。

七、结论

世界各国一直在尝试钛冶金方法的改进和研制,克劳尔方法仍然是世界上生产钛和钛合金的主要方法,且仍处于不断发展和完善阶段。但其成本高、流程长、工艺复杂及环境污染等特点限制了钛产业发展。FFC 剑桥工艺、OS 工艺、阿姆斯特朗工艺、MER 工艺等都具备生产周期短、成本低等优点,虽然大多处于商业化试验阶段,但一些工艺已经逐步开始规模化生产,并开始提供高质量的商业化产品。未来钛及钛合金的粉末冶金工艺必将推动钛及钛合金的广泛应用和发展。

参考文献

[1] 邓国珠等.钛冶金[M].北京:冶金工业出版社,2010.

[2] Stephen Fox, Kuang-O(Oscar)Yu.Recent changes and development in Titanium extraction[C]//Proceedings of the 12th World Conference on titanium. Beijing:Science Press,2011:65-70.

[3] Kartik Rao, Mark Bertolini, Ian Mellor, et al. Development of new generation FFC pilot plant for production of low cost titanium and titanium alloys[C]//Proceedings of the 12th World Conference on Titanium. Beijing:Science Press, 2011:181-184.

[4] Rodney R Boyer, James C Williams. Developments in research and applications in the titanium industry in the USA[C]//Proceedings of the 12th World Conference on Titanium. Beijing:Science Press, 2011:10-19.

[5] 邹武装,郭晓光,谢湘云,等.钛手册[M].北京:化学工业出版社,2012.

[6] 阎守义,刘禹明.无筛板沸腾氯化与熔盐氯化生产 TiCl4 工艺浅析[J].钛工业进展,2013,30(1):9-11.

[7] Deng Guozhu, Wang Lijun, Wang Wuyu.The production development and technology status of sponge titanium in China[C]//Proceedings of the 12th World Conference on Titanium. Beijing:Science Press, 2011:158-162.

[8] Yamamoto S, Yoshimura T, Hyodo T. Expansion of titanium sponge production capacity[C]//Proceedings of the 12th World Conference on Titanium. Beijing:Science Press,2011:185-187.

[9] 刘禹明,王伟,钱鑫.大型无筛板沸腾氯化技术及装备的研发与应用[J].中国钛工业进展,2014,31(1):35-37.

[10] Ni Peiyuan,Zhang Ting-an,Lv GuoZhi,ct al.Study of chlorination process of natural rutile in fluidized bed[C]//Proceedings of the 12th World Conference on Titanium. Beijing:Science Press, 2011:169-173.

[11] Carsten Schwandt. Understanding the electro-deoxidation of titanium dioxide to titanium metal via the FFC-Cambridge process[J]. Mineral Processing and Extractive Metallurgy,2013,122(4):213-218.

[12] EHK Technologies.Summary of Emerging Titanium Cost Reduction Technologies for US De-

partment of Energy and Oak Ridge National Laboratory, 2004.

[13] 朱鸿民,焦树强,宁晓辉.钛金属新型冶金技术[J].中国材料进展,2011,30(6):37-43.

[14] Kerem Araci, M Kamal Akhtar, Damien C Mangabhai. From powder to low-cost titanium parts[C]//Proceedings of the 12th World Conference on Titanium. Beijing: Science Press, 2011:135-140.

[15] Naoto Kobayashi, Keiichi Kobayashi, Tatsuya Kikuchi, et al. Reduction of titanium oxides in molten $CaO-CaCl_2$ [C]//Proceedings of the 12th World Conference on Titanium. Beijing: Science Press, 2011:84-86.

[16] Ryosuke O Suzuki, Naoto Kobayashi, Kei-ichi Kobayashi, et al. Electrolysis of CaO in the molten $CaCl_2$ for direct reduction of TiO_2 [C]//Proceedings of the 12th World Conference on Titanium. Beijing: Science Press, 2011:116-120.

[17] Mitsuo Niinomi. Recent trends in titanium research and development in Japan[C]//Proceedings of the 12th World Conference on Titanium. Beijing: Science Press, 2011:30-37.

附录

主要参会人员名单

姓名	工作单位	职务/职称
干 勇	中国钢研科技集团公司	院士
江东亮	中国科学院上海硅酸盐研究所	院士
周克崧	广州有色金属研究院	院士
丁文江	上海交通大学	院士
何季麟	宁夏东方有色金属集团公司	院士
周 廉	西北有色金属研究院	院士
贾豫冬	西北有色金属研究院	
赵永庆	西北有色金属研究院	
崔雅秋	中国有色金属学会	
王 方	《中国材料进展》杂志社	
高 虹	《中国材料进展》杂志社	
朱宏康	西北有色金属研究院	
盖少飞	西北有色金属研究院	
贾栓孝	宝鸡钛业股份有限公司	
李献民	宝鸡钛业股份有限公司	
左家和	中国工程院	
刘元昕	中国工程院	
杨 丽	中国工程院	
肖丽俊	钢铁研究总院	
邓春明	广州有色金属研究院	
王向东	中国有色金属工业协会	
阎守义	中国有色金属协会	
程兴德	攀钢研究院	
缪辉俊	攀钢研究院	
张履国	遵义钛业股份有限公司	
陈永楠	长安大学材料学院	

续表

姓　名	工作单位	职务/职称
张金宝	朝阳金达钛业股份有限公司	
张廷安	东北大学	
豆志河	东北大学	
常　辉	南京工业大学	
温旺光	广州有色金属研究院	
刘　骁	钢铁研究总院科技信息与战略研究所	
王　慧	钢铁研究总院科技信息与战略研究所	
张　敬	钢铁研究总院科技信息与战略研究所	
陈志强	中国船舶重工集团公司第七二五研究所	
于卫新	中国船舶重工集团公司第七二五研究所	
李士凯	中国船舶重工集团公司第七二五研究所	
计　波	宝钢特钢有限公司	
黄爱军	宝钢特钢有限公司	
杨　义	宝钢特钢有限公司	
曹　跃	四川省攀枝花市科技发展战略研究所	
齐　涛	中国科学院过程工程研究所	
张　绘	中国科学院过程工程研究所	
肖文龙	北京航空航天大学	
孙彦波	北京航空航天大学	

后　　记

科学技术是第一生产力。纵观历史,人类文明的每一次进步都是由重大科学发现和技术革命所引领和支撑的。进入21世纪,科学技术日益成为经济社会发展的主要驱动力。我们国家的发展必须以科学发展为主题,以加快转变经济发展方式为主线。而实现科学发展、加快转变经济发展方式,最根本的是要依靠科技的力量,最关键的是要大幅提高自主创新能力。党的十八大报告特别强调,科技创新是提高社会生产力和综合国力的重要支撑,必须摆在国家发展全局的核心位置,提出了实施"创新驱动发展战略"。

面对未来发展之重任,中国工程院将进一步加强国家工程科技思想库的建设,充分发挥院士和优秀专家的集体智慧,以前瞻性、战略性、宏观性思维开展学术交流与研讨,为国家战略决策提供科学思想和系统方案,以科学咨询支持科学决策,以科学决策引领科学发展。

工程院历来重视对前沿热点问题的研究及其与工程实践应用的结合。自2000年元月,中国工程院创办了中国工程科技论坛,旨在搭建学术性交流平台,组织院士专家就工程科技领域的热点、难点、重点问题聚而论道。十年来,中国工程科技论坛以灵活多样的组织形式、和谐宽松的学术氛围,打造了一个百花齐放、百家争鸣的学术交流平台,在活跃学术思想、引领学科发展、服务科学决策等方面发挥着积极作用。

中国工程科技论坛已成为中国工程院乃至中国工程科技界的品牌学术活动。中国工程院学术与出版委员会将论坛有关报告汇编成书陆续出版,愿以此为实现美丽中国的永续发展贡献出自己的力量。

中国工程院

郑重声明

高等教育出版社依法对本书享有专有出版权。任何未经许可的复制、销售行为均违反《中华人民共和国著作权法》，其行为人将承担相应的民事责任和行政责任；构成犯罪的，将被依法追究刑事责任。为了维护市场秩序，保护读者的合法权益，避免读者误用盗版书造成不良后果，我社将配合行政执法部门和司法机关对违法犯罪的单位和个人进行严厉打击。社会各界人士如发现上述侵权行为，希望及时举报，本社将奖励举报有功人员。

反盗版举报电话　（010）58581897　58582371　58581879
反盗版举报传真　（010）82086060
反盗版举报邮箱　dd@hep.com.cn
通信地址　北京市西城区德外大街4号　高等教育出版社法务部
邮政编码　100120